Moritz Werling

Ein neues Konzept für die Trajektoriengenerierung und -stabilisierung in zeitkritischen Verkehrsszenarien

Schriftenreihe des

Instituts für Angewandte Informatik / Automatisierungstechnik

am Karlsruher Institut für Technologie

Band 34

Eine Übersicht über alle bisher in dieser Schriftenreihe erschienenen Bände finden Sie am Ende des Buchs.

Ein neues Konzept für die Trajektoriengenerierung und -stabilisierung in zeitkritischen Verkehrsszenarien

von
Moritz Werling

Die vorliegende Arbeit wurde vom transregionalen Sonderforschungsbereich 28 *Kognitive Automobile* und dem *Karlsruhe House of Young Scientists (KHYS)* gefördert.

Dissertation, Karlsruher Institut für Technologie
Fakultät für Maschinenbau, 2010

Impressum

Karlsruher Institut für Technologie (KIT)
KIT Scientific Publishing
Straße am Forum 2
D-76131 Karlsruhe
www.ksp.kit.edu

KIT – Universität des Landes Baden-Württemberg und nationales
Forschungszentrum in der Helmholtz-Gemeinschaft

KIT Scientific Publishing 2011
Print on Demand

ISSN: 1614-5267
ISBN: 978-3-86644-631-1

Ein neues Konzept für die Trajektoriengenerierung und -stabilisierung in zeitkritischen Verkehrsszenarien

Zur Erlangung des akademischen Grades eines

Doktors der Ingenieurwissenschaften

der Fakultät für Maschinenbau
des Karlsruher Instituts für Technologie (KIT)
genehmigte

Dissertation

von

DIPL.-ING. MORITZ WERLING

aus Heidelberg

Hauptreferent:	Prof. Dr.-Ing. habil. G. Bretthauer
Korreferent:	Prof. Dr.-Ing. C. Stiller
Tag der mündlichen Prüfung:	21. Dezember 2010

Danksagung

Die vorliegende Arbeit entstand im Rahmen meiner Tätigkeit als wissenschaftlicher Mitarbeiter am Institut für Angewandte Informatik/Automatisierungstechnik der ehem. Universität Karlsruhe (TH), auf dem Campus Süd des neugegründeten Karlsruher Instituts für Technologie (KIT).

Mein besonderer Dank gilt Herrn Prof. Dr.-Ing. habil. Georg Bretthauer, der mir die Möglichkeit gab, in einem faszinierenden Themengebiet wissenschaftlich zu arbeiten. Seine Anregungen und Hinweise sowie die ausgezeichneten Rahmenbedingungen am Institut waren die Voraussetzung für das Gelingen dieser Arbeit.

Des Weiteren danke ich ganz herzlich Herrn Prof. Dr.-Ing. Christoph Stiller nicht nur für die Übernahme des Korreferats, sondern auch für die Möglichkeiten zur fachlichen Weiterentwicklung im Bereich autonomen Fahrens, die mir am Institut für Mess- und Regelungstechnik bereits als Student geboten wurden.

Mein Dank gilt vor allem auch Herrn Dr.-Ing. Lutz Gröll, der mich durch seine ständige Bereitschaft zu tiefgründigen fachlichen Diskussionen gleichermaßen forderte wie förderte.

Herrn Dr.-Ing. Sören Kammel und Herrn Prof. Sebastian Thrun danke ich für den produktiven, aufregenden Forschungsaufenthalt in Kalifornien. Weiterhin bedanke ich mich bei den Kolleginnen und Kollegen des *AnnieWAY*- und *Valley-Rally* Teams sowie des gesamten Sonderforschungsbereichs *Kognitive Automobile*. Die gemeinsamen Erfolge wie auch die Hunderte von Teststunden in den Versuchsfahrzeugen werde ich in bester Erinnerung behalten.

Schließlich möchte ich meinen Eltern dafür danken, dass sie mich auf meinem bisherigen Lebens-, Ausbildungs- und Berufsweg immer gefördert und unterstützt haben.

Karlsruhe, im September 2010   Moritz Werling

Für Anja

Inhaltsverzeichnis

Symbolverzeichnis

Abkürzungen

AW	Anti-Windup
DESM	dynamisches Einspurmodell
HLS	High-level-Stabilisierung
KESM	kinematisches Einspurmodell
LLS	Low-level-Stabilisierung
MP	Momentanpol
SP	Schwerpunkt

Notationsvereinbarungen

Skalare	nicht fett, kursiv: a, b, c, F ...
Vektoren	fett, kursiv: $\boldsymbol{a}$, $\boldsymbol{b}$, $\boldsymbol{c}$, $\boldsymbol{F}$ ...
Matrizen	fett, kursiv: $\boldsymbol{A}$, $\boldsymbol{B}$, $\boldsymbol{C}$, ...
$()$	Variable mit Bezug zum Hinterachspunkt bzw. Schwerpunkt
$\tilde{()}$	Variable mit Bezug zu Referenzpunkt im Abstand λ davor
$()^0$	Variable zur Beschreibung der Nulldynamik
$()_d$	Variable zur Beschreibung des Sollwerts
$()_t$, $()_n$	tangentiale bzw. normale Komponente
$()_l$, $()_q$	längsorientierte bzw. querorientierte Komponente
$()_v$, $()_h$	Variable mit Bezug zur Vorder- bzw. Hinterachse
$\dot{()}$	Zeitableitung
$()'$	Wegableitung

Allgemeine Symbole

$:=$	Definition
$\det(\cdot)$	Determinante
$\|\cdot\|$	Euklidische Norm
$a^{\mathrm{T}}, A^{\mathrm{T}}$	Transponierte des Vektors a bzw. der Matrix A
y	Systemausgang
u	Stellgröße
l	Abstand der Fahrzeugachsen
l_h, l_v	Abstand der hinteren und vorderen Fahrzeugachse zum Schwerpunkt
m	Fahrzeugmasse
ς	Sollfahrtrichtung
ψ	Fahrzeugorientierung
r	Gierrate
θ	Kurswinkel
κ	Krümmung
κ'	bogenbezogene Krümmungsänderung
v	Geschwindigkeit
a	Beschleunigung
β	Schwimmwinkel
n_x, t_x	durch x spezifizierter Normal- und Tangentialvektor
$\mathcal{T}_x$	durch x spezifizierte Trajektorie

Symbole im zweiten Kapitel

J	Kostenfunktional
x	Zustandsvektor
s	zurückgelegte Wegstrecke
γ	Kurvenparameter
Γ	Sollkurve

Symbole im dritten Kapitel

Γ	Referenzkurve
$\boldsymbol{x}$	geplante Trajektorie
$c_0, \ldots, c_5$	Polynomkoeffizienten
s	zurückgelegte Wegstrecke des Fußpunkts
s_{ref}	Referenztrajektorie von s
d	Euklidischer Abstand zur Referenzkurve
d_{ref}	Referenztrajektorie von d
J_x	durch x spezifiziertes Kostenfunktional
f_0, h_0	Energiefunktion und Endkosten
$\boldsymbol{z}$	Zielmannigfaltigkeit
τ	Ankunftszeitpunkt auf Zielmannigfaltigkeit
k_x	durch x spezifizierter Wichtungsfaktor
ξ_{ref}	Referenztrajektorie von ξ
$\delta_i, \sigma_i, \nu_i$	Endabstände zur Referenztrajektorie
Δt	Anstiegsdauer des Sicherheitsabstands

Symbole im vierten Kapitel

s	zurückgelegte Wegstrecke
q, Q	generalisierte Koordinate und Kraft
ξ_1	fiktive Regelstellgröße
e_x	Trackingfehler bzgl. x
x_1, x_2	Koordinaten des Referenzpunkts
λ	Vorausschaulänge bzgl. Referenzpunkt
δ, δ_L	Lenkwinkel und Lenkradwinkel
γ	Verteilungsverhältnis der Antriebskraft
u_1, u_2, u_δ	reale Systemeingänge
w_1, w_2	virtuelle Systemeingänge
L	Lagrangefunktion
T	kinematische Energie
$\boldsymbol{R}$	Rotationsmatrix
ς	Sollfahrtrichtung
κ_δ	fiktiver Systemeingang

$[\mathcal{L}_f g](x)$	erste Lie-Ableitung von $g(x)$ bzgl. $f(x)$
$[\mathcal{L}_f^2 g](x)$	zweite Lie-Ableitung von $g(x)$ bzgl. $f(x)$
$\tilde{z}_t, \tilde{z}_n$	Zustände der exakt e/a-linearisierten Teilsysteme
ζ	Dämpfungsgrad
c_v, c_h	Seitensteifigkeit der Vorder- und Hinterachse
v_s	Geschwindigkeitsschwellwert für Reglerumschaltung
A, B, C	Parameter der Reifen-Fahrbahn-Paarung
α	Reifenschräglaufwinkel
ρ	relativer Grad
s	vektorieller Reifenschlupf
F	vektorielle Reifenkraft
F_x	durch x spezifizierte Reifenkraftkomponente
c_x	durch x spezifizierter Schwellwertparameter
a_x	durch x spezifizierte Beschleunigungskomponente
x	Zustandsvektor
k_1, k_2, k_3, k_4	Reglerparameter beim kinematischen Einspurmodell
$k_{t0}, k_{t1}, k_{n0}, k_{n1}$	Reglerparameter beim dynamischen Einspurmodell
V, V_c	Lyapunov-Funktionskandidaten
J	Fahrzeugdrehträgheit

Symbole im fünften Kapitel

F_M	gangnormiertes Motorkennfeld
i	aktueller Gang
k	gangabhängige Antriebsübersetzung
F_W	Fahrwiderstand
b	Bremskonstante
p_{Bremse}	Bremsdruck
ϕ_{Gas}	Drosselklappenstellung

KAPITEL 1

Einleitung

The wheel was man's greatest invention – until he got behind it.

(Bill Ireland, amerikanischer Rennfahrer)

1.1 Bedeutung der trajektorienbasierten Fahrzeugführung für zeitkritische Szenarien

Durchschnittlich ereignet sich laut Statistischem Bundesamt im deutschen Straßenverkehr alle 14 Sekunden ein Unfall. Trotz rückläufiger Zahlen wurden dadurch im Jahre 2009 jede Stunde 45 Personen verletzt und jeden Tag 11 Menschen getötet. Aufgrund der hohen Geschwindigkeiten und schnellen Relativbewegungen der Verkehrsteilnehmer ereigneten sich hierbei mit 70% die meisten tödlichen Unfälle auf Landstraßen und Autobahnen. Im Gegenzug dazu wurden gerade einmal 0.5% (s. Tab. 1.1) bei Zusammenstößen mit ruhendem Verkehr getötet. Ganz offensichtlich bereitet die Dimension *Zeit* bei der Manöverplanung in dynamischen Verkehrssituationen dem Menschen große Schwierigkeiten, sodass sich in puncto Sicherheit hier das größte Verbesserungspotenzial verbirgt.

Davon zeugen auch die enormen Forschungsaktivitäten der Automobilindustrie im Bereich der Fahrerassistenz [90],[83]. Während aktuelle Seriensysteme nur bei einem eindeutig unvermeidlichen Aufprall in die Bremse eingreifen, sollen schon bald kritische Fahrsituationen vorzeitig erkannt und früher gebremst oder gar kurzzeitig gelenkt werden [94],[91],[39].

Die vorliegende Arbeit geht jedoch noch einen Schritt weiter. Mit Hilfe vollautonomer Fahrmanöver soll zukünftig der Computer allein das Gefahrenpotenzial dynamischer Verkehrssituationen drastisch reduzieren. Dabei erfordern die zeitkritischen Manöver, wie die Kollisionsvermeidung bei sich bewegenden Hindernissen, das Einfädeln in den fließenden Verkehr, der Spurwechsel und das Abstandhalten bei hohem Verkehrsaufkommen, die präzise Planung und Stabilisierung der sich zeitlich ändernden Fahrzeugposition, auch als Fahrtrajektorie bezeichnet. Deren Echtzeitberechnung und störungsrobuste Umsetzung in Steuerbefehle stellen ein Novum im Bereich des autonomen Fahrens dar, das sich bislang vorwiegend auf statische und quasi-statische[1] Szenarien konzentriert hat [56],[97]. Aufgrund neuer Sensoren, erweiterter Karteninformation sowie großer Fortschritte in der Rechnertechnik und insbesondere der Algorithmik sind jedoch in den letzten Jahren die Fähigkeiten autonomer Fahrzeuge [15] rapide gestiegen. Dank universitärer Forschungsaktivitäten wie dem am 1. Januar 2006 von der Deutschen Forschungsgemeinschaft eingerichteten Transregio 28 „Kognitive Automobile[2]" in Karlsruhe und München, dem Braunschweiger „Stadtpilot" [67] und dem „Spirit of Berlin" [70] ist auch in Zukunft mit einer stetigen Verbesserung der Umfeldwahrnehmung [84],[51], der wichtigsten Voraussetzung für eine trajektorienbasierte Bewegungsplanung, zu rechnen.

Damit rückt nicht nur der Traum vom *unfallfreien Fahren* stetig näher, sondern auch das Ziel einer effizienten Nutzung wichtiger Ressourcen. Schließlich birgt die Koordination autonomer Fahrzeuge das Potenzial, kilometerlange Staus von deutschen Autobahnen wie auch das Verkehrschaos aus internationalen Mega-Städten dauerhaft zu verbannen. Angesichts dieser Möglichkeiten verblasst der oftmals an erster Stelle aufgeführte Komfortaspekt selbstfahrender Autos.

Unfalltypen	Unfälle mit Personenschaden	Getötete
Kontrollverlust über das Fahrzeug	20.1%	41.5%
Unfall im Längsverkehr	23.5%	21.0 %
Einbiegen/Kreuzen	22.8%	11.8%
Unfall mit Fußgänger auf Fahrbahn	5.6%	9.9%
Abbiege-Unfall	13.6%	5.9%
Unfall durch ruhenden Verkehr	3.0 %	0.5%
Sonstiger Unfall	11.4%	9.4%

Tabelle 1.1: Unfälle mit Personenschaden und Getöteten nach Unfalltypen [82]

---

[1] sich langsam verändernd

[2] Bereits im zweiten Jahr konnte der SFB/TR28 im internationalen Vergleich auf der *DARPA Urban Challenge* (s. Abschn. 1.2) mit seinem Versuchsträger *AnnieWAY* im Finale auf sich aufmerksam machen, http://www.kognimobil.org.

1.2 Darstellung des Entwicklungsstands

1.2.1 Bahnbasierte Fahrzeugführung

Die *Grand Challenge* in den Jahren 2004 und 2005 sowie die *Urban Challenge* in 2007 stellen Wissenschaftsprogramme der DARPA[3] dar, welche durch hochdotierten Wettstreit die Forschung im Bereich vollautonomen[4] Fahrens vorangetrieben haben. Aufgrund des internationalen Charakters, gerade des letzten Wettkampfs, wird im Folgenden der technische Entwicklungsstand anhand der Führungsstrategien der Finalisten dargestellt.

In beiden Finalen der *Grand Challenge* war die Navigation in teils unbekanntem Gelände die Hauptschwierigkeit auf algorithmischer Seite. Obwohl grobes Kartenmaterial den Fahrzeugen zur Verfügung gestellt wurde, mussten lokal Wegverläufe und Hindernisse ausgemacht und darauf angemessen reagiert werden. Die sich hieraus ergebenden Navigationsprobleme waren demnach alle statischer[5] Art. Lediglich die Fahrgeschwindigkeit musste dem jeweiligen Fahruntergrund angepasst werden, um einem Schleudern vorzubeugen. Aus diesem Grund war es ausreichend, ausschließlich *bahnbasierte* Konzepte einzusetzen, welche sich dadurch auszeichnen, dass sie Bahnen (synonym für Pfade und Kurven) planen und gegen Störungen stabilisieren, welche die Kollisionsfreiheit mit einer *statischen* Umgebung sicherstellen und keinerlei „zeitliche Verpflichtung" haben.

Das änderte sich bei der *Urban Challenge*, in der noch zur Navigation in statischer Umgebung, wie leeren Parkplätzen, die verkehrsregelkonforme Behandlung anderer, sich meist bewegender Verkehrsteilnehmer hinzu kam. Insbesondere das Einfädeln bereitete vielen Teams Schwierigkeiten, da hierbei sowohl die eigene Bewegung, als auch die der anderen Fahrzeuge in die Zukunft prädiziert werden musste, um festzustellen, ob beispielsweise das Abbiegen auf eine Vorfahrtsstraße sicher durchzuführen oder ein Warten vorzuziehen war. Eine ähnliche Situation stellte das Folgefahren dar, bei dem basierend auf der geschätzten Geschwindigkeit des voraus fahrenden Fahrzeugs diesem in sicherem Abstand gefolgt werden musste.

Aufgrund der großen Fahrzeugabstände[6] und der relativ niedrigen Fahrgeschwindigkeiten aller Verkehrsteilnehmer muss jedoch in diesem Zusammenhang von

---

[3]Defense Advanced Research Projects Agency, http://www.darpa.mil/grandchallenge

[4]Die Vollautomatisierung zeichnet sich im Gegensatz zur Teilautomatisierung (z. B. für reproduzierbare Fahrversuche) durch 100-prozentige Lösungen aus, da hier kein menschlicher Fahrer eingreifen kann.

[5]Kamen sich zwei Fahrzeuge zu nahe, so wurde das langsamere solange gestoppt, bis sich das schnellere wieder in sicherer Entfernung befand.

[6]Ein Beispiel ist das Einfädeln in fließenden Verkehr mit Zeitlücken von $8 - 10s$ [13]

quasi-statischen Verkehrsszenarien gesprochen werden, da durch konservative Abschätzungen die (stark isolierten) dynamischen Verkehrssituationen auf statische reduziert werden konnten [99] und es dadurch ausreichte, bestehende bahnbasierte Ansätze (eine Ausnahme stellt Gewinnerteam *Tartan Racing* [88] dar, welches bereits erste, wenn auch stark heuristische, trajektorienbasierte Lösungen auf Planungsebene einsetzte, s. Kap. 3.) lediglich im Längsfreiheitsgrad zu modifizieren [104] und ggf. die geplante Bahn zu versetzen [97]. Die hierdurch auftretenden Manöver waren trotz einfach gehaltener Szenarien nicht selten in gänzlich unkritischen Situationen durch abgehackte Bewegungen bis hin zu Unfällen [21] gekennzeichnet, da eine *kombinierte Optimierung* des Einsatzes von Gas/Bremse und Lenkung auf Basis einer *Prädiktion* des *dynamischen* Verkehrsgeschehens bei keinem der Teams [9], [56], [63], [67], [47], [88], [7], [54], einschließlich dem eigenen [97], stattfand.

Bei ansteigender Verkehrsdichte und -geschwindigkeit verstärken sich die beschriebenen Probleme, sodass die Übertragbarkeit der entworfenen bahnbasierten Algorithmen auf reale Verkehrssituationen nicht gegeben ist. Hinzu kommt, dass im Unterschied zu niedriger Geschwindigkeit und Verkehrsdichte in realen Situationen ein *defensives* Fahrverhalten (s. beispielsweise [47]) i. A. nicht durch drastische Geschwindigkeitsreduktion erzwungen werden kann[7]. Für den realen Straßenverkehr sind demnach aus Gründen der Sicherheit und des Komforts neue, *trajektorienbasierte*[8] Lösungen erforderlich, welche die Zeit t explizit auf Planungs- und Stabilisierungsebene berücksichtigen.

1.2.2　Trajektorienbasierte Fahrzeugführung

Wie im vorherigen Abschnitt beschrieben, erfordert die souveräne Beherrschung dynamischer Verkehrsszenarien die Planung und Stabilisierung von *zeitveränderlichen* Sollzustände, kurz *Trajektorien*. Zur Verdeutlichung des Sachverhalts dient das Verkehrsszenario in Abb. 1.1.

Bei Annäherung des autonomen Fahrzeugs A an die Kreuzung muss es unter Beachtung der aktuellen Verkehrssituation (Fahrzeuge B und C, letzteres noch nicht im Bild, aber in Sicht) eine sichere Trajektorie vorausblickend planen und sich daran zukünftig halten. Hierfür ist, bei zeitlicher Extrapolation der Bewegung anderer

---

[7]Ein Beispiel stellt hierfür das Einfädeln auf Autobahnen dar, bei dem bei hohem Verkehrsaufkommen die Fahrzeugabstände kurzzeitig wenige Meter betragen müssen, da andernfalls der Beschleunigungsstreifen oftmals nicht ausreicht. Ein Manöverabbruch ist hierbei nicht möglich, da abruptes Bremsen mit hoher Wahrscheinlichkeit zu einem Auffahrunfall führt.

[8]Obwohl viele Veröffentlichungen die „Trajektorie" synonym für „Bahn" verwenden, wird im Rahmen der Arbeit strikt zwischen den beiden Begriffen differenziert.

Verkehrsteilnehmer, zunächst abzubremsen (I) und gleich wieder zu beschleunigen (II), um beim Überfahren der Kreuzung die Sicherheitsabstände einzuhalten (III).

Aufgrund der begrenzten seitlichen Ausweichmöglichkeiten reduziert sich das Planungsproblem hier auf die Längsdynamik. Andere Szenarien, wie beispielsweise das Überholen und Einfädeln im fließenden Verkehr, erfordern hingegen die Planung und Stabilisierung von kombinierten Längs-quer-Bewegungen.

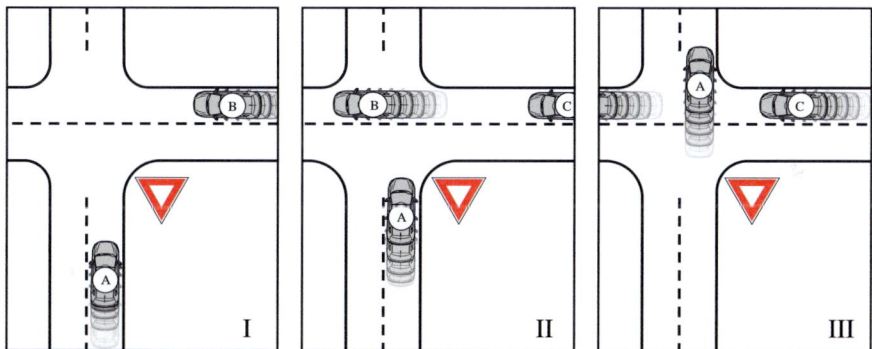

Abbildung 1.1: Beispiel eines zeitkritischen Verkehrsszenarios: Fahrzeug A überquert eine Vorfahrtsstraße mit bewegten Verkehrsteilnehmer B und C

Da statische Verkehrssituationen wie das Einparken und Rangieren ohne weitere Verkehrsteilnehmer nur einen Sonderfall eines dynamischen Szenarios darstellen, sind mit der Planung und Stabilisierung von Trajektorien demnach alle Manöver des Straßenverkehrs formal beherrschbar.

1.2.3 High- und Low-level-Stabilisierung

Aufgrund sich zeitlich verändernder Verkehrssituationen und des Auftretens von Störungen und Modellfehlern verbietet sich in dynamischen, wie auch schon in statischen Verkehrssituationen über einen langen Zeithorizont hinweg eine reine Steuerungsstrategie. Folglich muss im klassischen Sinne ein Regelkreis geschlossen werden, der neue Information über die aktuelle Verkehrslage und den Fahrzeugzustand rückführt und damit für ein robustes Manövrieren im Verkehrsgeschehen sorgt. Die Informationsrückführung darf jedoch nicht unbedacht erfolgen, da durch Rückkopplungen unvorhersehbares Verhalten bis hin zu Instabilitäten auftreten können. Somit muss in bestimmten Bereichen Rückwirkungsfreiheit gefordert werden, um mit Hilfe von Stabilitätskriterien für Teilsysteme Aussagen über das Gesamtsystem machen zu können. Hierdurch ergeben sich verschiedene Rückführungsstrategien, die sich jedoch allesamt in *High-level-* und *Low-level-Stabilisierung* unterteilen lassen. Zur Verdeutlichung der Vor- und Nachteile beider Strategien wird zunächst ein anschauliches Beispiel aus der Seefahrt herangezogen. Eine quantitative Untersuchung des Sachverhalts für die Fahrzeuganwendung wird in Kap. 2 nachgeholt.

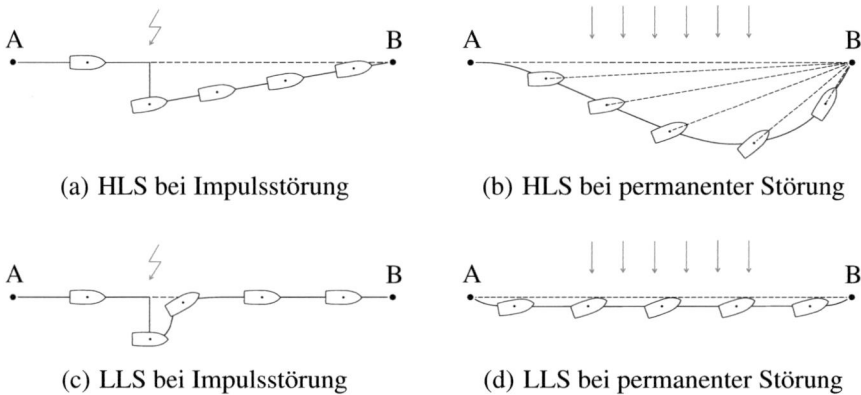

(a) HLS bei Impulsstörung   (b) HLS bei permanenter Störung

(c) LLS bei Impulsstörung   (d) LLS bei permanenter Störung

Abbildung 1.2: Unterschiedlich gutes Abschneiden der High-level-Stabilisierung (HLS) und Low-level-Stabilisierung (LLS) bei verschiedenen Störungsarten

Zur Überbrückung des Wasserwegs A-B in möglichst kurzer Zeit hält das in Abb. 1.2(a) dargestellte Motorboot in jedem Zeitpunkt direkt auf B zu, wodurch bei spiegelglatter See das beste Ergebnis erzielt wird. Aufgrund einer einzelnen, großen Welle[9] wird das Boot jedoch plötzlich um einen erheblichen Betrag seitlich versetzt, hält danach allerdings durch sofortige Kurskorrektur wieder direkt auf B zu, sodass trotz kurzzeitiger Störung nach einer ganz passablen Reisezeit das Ziel dort erreicht wird.

Anders verhält es sich bei Störungen wie Wind und Strömung, die das Boot vom Steuermann unbemerkt permanent versetzen. Diese führen, bei kontinuierlicher Bootsausrichtung zum Ziel, zu sog. *Hundekurven* [18], die einen merklich längeren Weg als die direkte Verbindung beschreiben und somit zu einer längeren

---

[9]Die beschriebene Welle dient hier nur zur Verdeutlichung des Sachverhalts und würde bei Erreichen des beschriebenen Effekts in der Realität ganz andere Konsequenzen nach sich ziehen. Allerdings führt ein zeitweiliges Außer-Acht-Lassen des Kompasses zum gleichen Ergebnis.

Reisezeit führen (s. Abb. 1.2(b)).

Zur Vermeidung des beschriebenen Effekts werden in der Seefahrt GPS[10]-Navigationsgeräte eingesetzt, die im Startpunkt A die kürzeste Verbindung zu B berechnen, sodass während der Fahrt zu jedem Zeitpunkt der Abstand der aktuellen Position zur Ideallinie (Ablage, engl. *cross-track-error*) dem Steuermann als *Referenz* zur Verfügung steht, sodass der auch bei permanentem Wind und konstanter Strömung durch dosiertes Gegensteuern nahe am optimalen Kurs fährt und damit sein Ziel zügig erreicht (s. Abb. 1.2(d)).

Wird jedoch durch die zuvor beschriebene Querwelle das Boot innerhalb kürzester Zeit stark versetzt, so muss bei dieser Technik der Steuermann wieder zurück zur Ideallinie fahren, um zu verhindern, dass er das Ziel verfehlt (s. Abb. 1.2(c)). Hierdurch verlängert sich die Fahrt allerdings gegenüber der ersten Strategie (Dreiecksungleichung), welche, wie bereits beschrieben, in der gleichen Situation mit einem neuen, direkten Kurs auf *B* reagiert (s. Abb. 1.2(a)).

In jedem Fall wird trotz Störungen und Modellfehlern das Ziel erreicht, sodass von *Regelung* gesprochen werden muss.

Das Beispiel verdeutlicht zwei Sachverhalte: Zum einen wird klar, dass bei praktischen Navigationsproblemen aufgrund der Fülle möglicher Lösungen die Online-Optimierung (hier der Zeit bzw. zurückgelegten Wegstrecke) eine große Rolle spielt, und zum anderen, dass Störungen sowohl auf Planungsebene (hier ständige Gerade auf Ziel) als auch auf Ausführungsebene (hier Ablageminimierung) bekämpft werden können. Beide Methoden sind jedoch je nach Störungsart unterschiedlich gut geeignet. Bei Impulsstörungen, die unweigerlich zu großen Regelabweichungen einer unterlagerten Folgeregelung führen, punktet die Stabilisierung auf Planungsebene, im Folgenden als *High-level-Stabilisierung* bezeichnet, da der neue Zustand direkt in der Optimierung berücksichtigt wird. Bei permanenten Störungen und Modellfehlern hingegen weicht das idealisierte Modell der Optimierung so stark von der tatsächlichen Strecke ab, sodass es zu einem Gesamtverhalten kommt, welches stark vom Optimum entfernt ist (z. B. Hundekurve). Hier zeigt sich der Vorteil der *Low-level-Stabilisierung*, welche durch Rückführung auf niederer Ebene dafür sorgt, dass sich der geschlossene Regelkreis in jedem Fall (nachteilig allerdings bei Impulsstörungen) sehr ähnlich zur störungsfreien Modellreferenz der Optimierung verhält.

In den erfolgreich eingesetzten Fahrzeuggesamtkonzepten der *Urban Challenge* finden sich beide Strategien in der Stabilisierung der Fahrzeugquerdynamik wieder. Charakteristisch für die High-level-Stabilisierung ist die Rückführung der aktuellen Fahrzeugposition und -ausrichtung auf Planungsebene von der in jedem Schritt aus neu gerechnet wird. Hierdurch werden *Sollkrümmungen* generiert, die

---

[10]Global Positioning System

von der ausführenden Ebene in Lenkkommandos im Sinne einer Steuerung umgesetzt werden. Zu den Finalisten, welche diese Strategie angewandt haben, gehören die Teams [88], [7], [54] und [97] (bei aktiven sog. *Tentacles* [37]).

Bei der Low-level-Stabilisierung hingegen findet auf Planungsebene keine Rückführung des aktuellen Fahrzeugzustands statt, sodass die Generierung der *Sollkurven* (weitgehend[11]) rückwirkungsfrei stattfindet und sich folglich darauf verlassen wird, dass die Quervorgabe von der ausführenden Schicht zu jedem Zeitpunkt hinreichend genau umgesetzt wird. Hierzu muss dann allerdings der aktuelle Fahrzeugzustand auf die ausführende Ebene im Sinne einer klassischen Regelung rückgeführt werden, sodass das Fahrzeug trotz Störungen und Modellfehler der Bahn dauerhaft folgt. Diese Strategie wurde erfolgreich durch die Teams [9], [56], [63], [67], [47] und [97] (bei inaktiven *Tentacles*) umgesetzt.

Von einer systematischen Kombination beider Strategien zur Vereinigung der jeweiligen Vorteile wird für die Fahrzeuganwendung mit Ausnahme von [41][12] in der Literatur nicht berichtet.

1.3   Zielsetzung der Arbeit

Das Ziel der vorliegenden Arbeit besteht darin, ein neues, ganzheitliches Konzept zur Trajektoriengenerierung und -stabilisierung zu entwickeln, das erstmalig autonome Fahrzeuge dazu befähigt, in beengten, zeitkritischen Straßenszenarien auch bei hohen Geschwindigkeiten sicher zu manövrieren.

Die dafür notwendigen Algorithmen sind auf Grundlage moderner Theorien der Regelungstechnik herzuleiten und das Gesamtkonzept anhand realer Fahrversuche zu erproben sowie davon ausgehend Aussagen zur Leistungsfähigkeit für den praktischen Einsatz zu gewinnen. Hierbei sind die folgenden Anforderungen bzw. Randbedingungen zu berücksichtigen:

- Bestehende bahnbasierte Lösungen müssen entweder ersetzt oder integriert werden, sodass ein leistungsfähiges Gesamtsystem mit erweiterter Funktionalität entsteht.

- Da Sicherheitsaspekte bei zunehmender Geschwindigkeit immer stärker in den Vordergrund treten, sind Methoden zu entwickeln, welche unter definierten Randbedingungen die Stabilität des Gesamtsystems (im Bereich der zyklischen Bahnplanung wird bisher oftmals kein Stabilitätsnachweis erbracht) garantieren.

---

[11]Eine Ausnahme stellt die Initialisierung bei Systemstart dar.

[12]hier allerdings auch nur zur Bekämpfung von Stellgrößensättigung

- Das sich in Kombination mit der Verhaltensgenerierung (kein Teil dieser Arbeit) ergebende Gesamtsystem muss sich durch reaktionsschnelles und unauffälliges, menschenähnliches Fahrverhalten im Verkehr auszeichnen.
- Das Gesamtsystem muss gleichermaßen robust gegen impulsförmige wie auch permanente Störungen[13] sein.

Aufgrund des aktuell stark ausgeprägten Forschungscharakters des autonomen Fahrens kommen für den prototypischen Einsatzes noch folgende Punkte hinzu:

- Algorithmen sind fahrzeugunspezifisch zu entwerfen und ohne detaillierte Herstellerangaben der eingesetzten Hardware nur durch einfache Fahrtests zu parametrisieren.
- Schnittstellen zur Verhaltensebene müssen einfach bedienbar gewählt werden und die Parameter der verwendeten Algorithmen intuitiv eingestellt werden können.
- Aktuell verfügbare Hardware darf unter Vernachlässigung des Kostenaspekts[14] eingesetzt werden.
- Das Gesamtkonzept sollte so geartet sein, dass jede Verbesserung auf höherer Ebene (beispielsweise die Prädiktion der Verkehrsteilnehmer) auch zu einer Verbesserung des Gesamtergebnisses führt.

Dazu werden in **Kapitel 2** quantitative Untersuchungen zur High- und Low-level-Stabilisierung anhand einer Simulation durchgeführt, aus denen mit Hilfe einer schwellwertbasierten Reinitialisierung auf Planungsebene eine vorteilhafte Bilevel-Stabilisierung abgeleitet wird. Die beiden folgenden Kapitel konkretisieren die Strategie (s. Abb. 1.3).

Kapitel 3 analysiert bestehende Bahn- und Trajektorienplanungsalgorithmen auf Vor- und Nachteile. Darauf aufbauend wird das Trajektoriengenerierungsproblem in sog. Frenet-Koordinaten formuliert und die Lösung mit Hilfe der Optimalsteuerungstheorie hergeleitet. Aufgrund der angewandten Theorie kann die Stabilität unter bestimmten Bedingungen garantiert werden, sodass eine verlässliche halbreaktive Schicht entsteht, die Langzeitziele (> 3.0 s), wie einen Spurwechsel, mit einer Kollisionsvermeidung auf einem kurzen Zeithorizont (< 3.0 s) kombiniert.

Anschließend werden in **Kapitel 4** nach einer Analyse bewährter Querregelungen komplementäre trajektorienbasierte Low-level-Stabilisierungsgesetze hergeleitet.

---

[13]Wie in Kap. 2 noch stärker beleuchtet wird, zählen zu den Impulsstörungen Windböen und Fahrbahnunebenheiten und zu den permanenten Störungen Gegenwind. Selbstlokalisierungssprünge und -drifts haben am Streckenausgang eine ähnliche Wirkung.

[14]Aktuell kostspielige GPS-Inertialsensorik könnte beispielsweise langfristig durch eine laser- oder kamerabasierte Positionsschätzung mit ähnlicher Genauigkeit ersetzt werden.

Hierzu wird zur realitätsnahen Beschreibung der Fahrzeugphysik bei langsamer Fahrt ein erweitertes kinematisches Einspurmodell aufgestellt und eine invariante Low-level-Tracking-Regelung für langsame Vorwärts- und Rückwärtsfahrt mit Hilfe eines Lyapunov-basierten Backstepping-Ansatzes entworfen, der gezielt die Singularität des Modells bei Geschwindigkeit $v = 0$ umgeht.

Danach wird für das dynamische Einspurmodell mit nichtlinearer, quer-längs-gekoppelter Reifencharakteristik auf Basis der exakten E/A-Linearisierung das Low-level-Tracking-Reglergesetz für den mittleren bis hohen Geschwindigkeitsbereich hergeleitet.

Abschließend wird zur Stabilisierung gegen Impulsstörungen unter Prädiktion des Fahrzeugzustands die High-level-Stabilisierung auf Basis des in Kap. 2 eingeführten Reinitialisierungsmechanismus mit geeigneter Schwellwertwahl realisiert.

Danach gibt **Kapitel 5** einen kurzen Überblick über die hardware- und software-technische Umsetzung im Versuchsfahrzeug. Darauf aufbauend werden zunächst bestimmte Einzelkomponenten des vorgestellten Algorithmenkomplexes isolierten Test unterzogen, um dann in einem kompakten Szenario das Gesamtkonzept quantitativ zu validieren und dessen Performanz ausgiebig zu diskutieren.

Kapitel 6 fasst schließlich die wesentlichen Ergebnisse der vorliegenden Arbeit zusammen und gibt einen Ausblick.

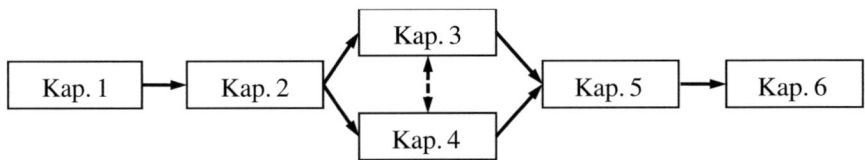

Abbildung 1.3: Übersichtsdarstellung und Beziehungen der einzelnen Kapitel

KAPITEL 2

Ableitung einer neuartigen Bi-level-Stabilisierungsstrategie

Die menschliche Fahrstrategie lässt sich grob in Wahrnehmungs-, Entscheidungs-, Planungs- und Stabilisierungsebene aufspalten (vergleiche [17],[3]), die sich ebenfalls in der Architektur autonomer Fahrzeuge wiederfinden [97]. Beim Menschen sind die Ebenen jedoch stark rückgekoppelt[1], womit ein Sicherheits- und Komfortgewinn einhergeht, da jede Ebene die Defizite der anderen Ebenen teilweise ausgleichen kann. Jedoch erhöhen Rückkopplungen die Komplexität eines zu entwerfenden technischen Systems und können unter Umständen zu einer Instabilisierung von für sich betrachtet stabilen Teilsystemen führen, sodass wenn möglich in technischen Systemen darauf verzichtet wird. Aufgrund der Manöverdauer, Modellfehler und Störungen kann eine autonome Fahrt jedoch ganz offensichtlich nur mit einer Fahrzustandsrückführung realisiert werden. Die Frage ist demnach, auf welcher Ebene die Rückführung erfolgt. Die nächsten Abschnitte beschreiben hierfür die Stabilisierung auf Regelungs- (Low-) und auf Planungsebene (High-level), deren Vor- und Nachteile simulativ verdeutlicht werden. Darauf aufbauend wird ein neuartiger Ansatz vorgeschlagen, der die jeweiligen Vorteile bei garantierter Stabilität vereint. Da die grundlegenden Aussagen des Kapitels gleichermaßen für dynamische wie statische Szenarien gelten, können die Ergebnisse ebenfalls auf bahnbasierte Strategien angewandt werden.

---

[1]Ein Beispiel: Aufgrund einer Unebenheit des Fahrbahnbelags droht das Fahrzeug die Fahrspur zu verlassen. Anstelle einer kräftigen, unkomfortablen Lenkbewegung *(Stabilisierungsebene)* kann die Reaktion eines erfahrenen Fahrzeugführers sein, dass er reflexartig die Nebenspur auf andere Verkehrsteilnehmer überprüft *(Wahrnehmungsebene)* und sich dazu entscheidet *(Verhaltensebene)*, dorthin auszuweichen *(Planungsebene)* und somit für ein insgesamt komfortables und sicheres Gesamtverhalten sorgt.

2.1   Isolierte Stabilisierungsstrategien

Die folgenden beiden Abschnitte erläutern zwei grundsätzlich unterschiedliche
Möglichkeiten, ein autonomes Fahrzeug zu stabilisieren. Zusätzlich werden wichtige Definitionen sowie Beispiele gegeben, die dem Verständis des anschließenden
simulativen Vergleichs dienen.

2.1.1   Low-level-Stabilisierung

Hauptannahme der im Folgenden vorgestellten Low-level-Stabilisierungsstrategien ist, dass die Generierung der Sollkurve oder -trajektorie bereits abgeschlossen
ist und sich die Sollverläufe dementsprechend nicht mehr ändern. Die Annahme
ist vor allem in abgeschlossenen Systemen, wie beispielsweise vollautomatisierten
Fertigungsstraßen[2], in der Robotik gerechtfertigt, da sämtliche Hindernisse im
Vorfeld bekannt sind und die Sollwertberechnung offline durchgeführt werden
kann. Vor diesem Hintergrund werden im nächsten Abschnitt die klassischen
Problemformulierungen zur Fahrzeugregelung mit im Voraus bekannten, unver-
änderlichen Sollvorgaben eingeführt (s. hierzu Abb. 2.1).
Die daraus abgeleiteten Regelungsgesetze können jedoch auch für die Umsetzung
sich verändernder Bahnen und Trajektorien eingesetzt werden, wenn sichergestellt ist, dass die Sollvorgaben, welche bereits in die Stellgrößenberechnung
einbezogen wurden, unverändert bleiben. Praktisch heißt dies, dass sich die
Sollbahnen örtlich unmittelbar um den Fahrzeugreferenzpunkt der Regelung
(Systemausgang) und die Trajektorien im Bereich des aktuellen Zeitpunkts nicht
ändern dürfen. Im Gegenzug dazu verlässt sich die Planungsebene darauf, dass
sich am Ende eines jeden Planungszyklus das Fahrzeug an der zuvor berechneten
Position befindet (Rückwirkungsfreiheit), von der sich die neue Bahn oder
Trajektorie (unter Berücksichtigung neuer Umfeldmessinformation) fortsetzt. Das
kann natürlich nur auf Regelungsseite gewährleistet werden, wenn für die sich
ergebenden Sollvorgaben sichergestellt ist, dass sie der Fahrphysik genügen und
beispielsweise keine Knicke aufweisen. Die Regelung von physikalisch absurden
Bahnen oder Trajektorien [59], welche die Kollisionsfreiheit nicht garantieren
können, wird demnach hier nicht betrachtet.

Grundsätzlich lassen sich drei Fälle unterscheiden (s. Abb. 2.1). Zunächst wird das
Trajektorientracking zur Stabilisierung des Fahrzeugs um *zeitveränderliche* Soll-

---

[2]Die Produktionsleistung kann allerdings auch hier durch Online-Trajektorienplanung gesteigert
werden, welche flexibel auf sich ändernde Randbedingungen reagiert.

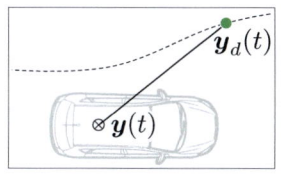 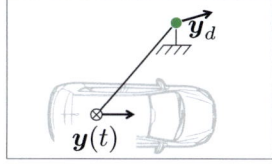 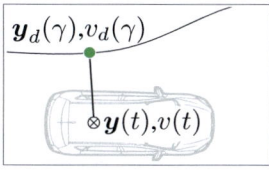

(a) Trajektorientracking   (b) Punktstabilisierung   (c) Erweiterte Bahnfolge

Abbildung 2.1: Vergleich unterschiedlicher Regelungsziele

positionen $\boldsymbol{y}_d(t)$ betrachtet. Deren Stabilisierungsaufgabe kann wie folgt formuliert werden.

Definition 2.1. (Trajektorientracking)
Für eine hinreichend oft stetig differenzierbare Solltrajektorie $\boldsymbol{y}_d(t) : [0, \infty) \to \mathbb{R}^2$ mit $\forall t : \|\dot{\boldsymbol{y}}_d(t)\|_2 \neq 0$ ist ein Regler zu entwerfen, sodass alle Signale im geschlossenen Regelkreis beschränkt bleiben und der Trackingfehler $\|\boldsymbol{y}(t) - \boldsymbol{y}_d(t)\|_2$ für $t \to \infty$ gegen Null strebt.

Damit stellt diese nichts weiter als eine Folgeregelung im klassischen Sinne dar. Im Bereich der Robotik wird neben dynamischen Umgebungen die Problemstellung gerne auch für statische eingesetzt, da hierdurch die Projektionsproblematik der Bahnfolge (s. Abb. 2.1(c)) umgangen werden kann. Allerdings stellt das Trajektorientracking große Anforderungen sowohl an die Sollwertgenerierung, welche im Gegensatz zur Pfadplanung auch die Längsdynamik exakt beschreiben muss, und an die Längsregelung, sodass für autonome Straßenfahrzeuge bislang auf die Pfadfolge nach Def. 2.4 ausgewichen wird.

Zur genauen Abgrenzung des Low-level-Trajektorientrackings gegenüber der Low-level-Punktstabilisierung und der Bahnfolge werden als nächstes deren Problemdefinitionen gegeben. Die Punktstabilisierung (s. Abb. 2.1(b)) konzentriert sich auf das Einregeln *zeitunveränderlicher* Vorgaben ähnlich einer klassischen Festwertregelung und ergänzt damit das Trajektorientracking um die Ausnahme $\|\dot{\boldsymbol{y}}_d(t)\|_2 \equiv \|\dot{\boldsymbol{y}}_d\|_2 = 0$ entsprechend folgender Definition:

Definition 2.2. (Punktstabilisierung)
Für eine feste Sollposition $\boldsymbol{y}_d \in \mathbb{R}^2$ und eine feste Sollausrichtung $\psi_d \in (-\pi, \pi]$ ist ein Regler zu entwerfen, sodass alle Signale im geschlossenen Regelkreis beschränkt bleiben und der Positionsfehler $\|\boldsymbol{y}(t) - \boldsymbol{y}_d\|_2$ sowie die Istausrichtung des Fahrzeugs für $t \to \infty$ gegen die Sollausrichtung strebt.

Allerdings stellt die Punktstabilisierung für nicht-holonome Fahrzeuge eine äußerst schwierige Aufgabe dar, da das für eine glatte Rückführung notwendige Brockett-Theorem [11] verletzt ist. Das heißt, anders als bei linearen Systemen, die durch glatte Zustandsrückführung stabilisierbar sind, und anders als bei steuerbaren linearisierten Systemen, die lokal glatt stabilisierbar sind, sind nicht-holonome Systeme nicht lokal asymptotisch durch stetige Rückführung stabilisierbar. Die Folge sind komplex strukturierte Regler mit ständigen Richtungswechseln [58], die für autonome Fahrzeuge nur sehr beschränkt eingesetzt werden können, da eine Richtungsumkehr zur Fahrzeugpositionierung auf Planungsebene eingeleitet werden muss[3].

Da wie in Abschn. 1.2.1 beschrieben in statischen Umgebungen nicht relevant ist, ob das Fahrzeug zu einem bestimmten Zeitpunkt einen vorgegebenen Zustand einnimmt, reicht es aus, eine kontinuierliche Menge von Zuständen $\boldsymbol{y}_d(\gamma)$ (Pfad) vorzugeben, die in vorgegebener Reihenfolge[4] ($\dot{\gamma} \geq 0$) vom Fahrzeug eingenommen werden müssen, um Kollisionsfreiheit mit den statischen Hindernissen zu gewährleisten. Das ist in Abb. 2.1(c) veranschaulicht und es gilt:

Definition 2.3. (Erweiterte Bahnfolge)
Sei $\boldsymbol{y}_d(\gamma) : [0, \infty) \to \mathbb{R}^2$ eine durch $\gamma \in \mathbb{R}^+$ parametrisierte reguläre Sollkurve Γ. Darüber hinaus sei $\boldsymbol{y}_d(\gamma)$ bezüglich γ hinreichend oft stetig differenzierbar. So ist neben einem Regler ein γ in Abhängigkeit der aktuellen Position und Orientierung und der Sollkurve Γ zu entwerfen, sodass alle Signale im geschlossenen Regelkreis beschränkt bleiben und der Fehler $\|\boldsymbol{y}(t) - \boldsymbol{y}_d(\gamma)\|_2$ für $t \to \infty$ gegen Null strebt.

Die *klassische Bahnfolge* stellt nur einen Sonderfall dar [80], bei dem die Bestimmung von γ vorgegeben ist durch $\gamma = \min_\gamma \|\boldsymbol{y}(t) - \boldsymbol{y}_d(\gamma)\|_2$, was die Lösung des Projektionsproblems auf ebene Kurven beinhaltet. Hierzu existieren numerische (z. B. [38]) und beobachterbasierte Ansätze [96], wie auch solche, die die Bestimmung von γ und die Regelung „aus einem Guss" entwerfen [60],[102]. Da in autonomen Fahrzeugen die Repräsentation beliebiger Kurven durch abgetastete Punkte (z. B. [101]) für maximale Flexibilität bei der Implementierung sorgt[5], wird in Anh. A.2 ein auf die Punktrepräsentation abgestimmtes numerisches Verfahren vorgestellt, welches ebenfalls bei der Trajektorienplanung in Kap. 3 einge-

---

[3]Diese Ebene entscheidet nicht im Sinne einer asymptotischen Stabilität, sondern nach praktischen Gesichtspunkten (Fahrzeug hinreichend genau positioniert, kann das Einlegen des Rückwärtsgangs andere Verkehrsteilnehmer verunsichern?). Die Stabilisierung wird hierbei vielmehr auf eine Sequenz von erweiterten Bahnfolge- oder Trajektorientrackingproblemen zurückgeführt.

[4]Aus diesem Grund wird häufig auch der Begriff der „orbitale" Regelung (engl. *orbital tracking*) [29],[60] verwendet.

[5]Die Beschreibung durch abgetastete Punkte eignet sich insbesondere bei den Schnittstellen, da sie unabhängig von den internen Kurvenrepräsentationen der jeweiligen Algorithmen sind und somit nicht mehr geändert werden müssen.

setzt wird. Ein weiterer Sonderfall zur Wahl von $\gamma(t)$ ist die sog. Ablage, welche γ durch den Schnittpunkt der Fahrzeugquerrichtung mit der Kurve Γ definiert.

Für ein allgemeines Fahrzeug, das seine Geschwindigkeit unabhängig von der Lenkung beeinflussen kann[6], verbleibt jedoch noch ein Freiheitsgrad, der beispielsweise zur Abstandshaltung im fließenden Verkehr oder zur Einhaltung zeitlich vorgegebener Höchstgeschwindigkeiten genutzt werden kann.

Diese Definitionen bilden die Grundlage für die Low-level-Stabilisierung, auf die in den Abschnitten 4.2 und 4.3 genauer eingegangen wird.

2.1.2 High-level-Stabilisierung

Im Gegensatz zu den doch sehr konkreten Regelungszielen des vorhergehenden Abschnitts lassen sich die Planungsziele, welche entscheidend für die Stabilisierung auf oberer Ebene sind, nicht so einfach einteilen, da gänzlich unterschiedliche Optimierungskriterien und Lösungsstrategien kombiniert werden können. So kann es Aufgabe der Planung sein, möglichst schnell (zeitoptimal), möglichst ohne Umwege (wegoptimal) oder möglichst komfortabel (ruckoptimal), jedoch stets kollisionsfrei, das Fahrzeug von einem Anfangszustand in einen Endzustand zu überführen. Ziel ist also die Optimierung eines Kostenfunktionals. Des Weiteren wird bei der High-level-Stabilisierung im Unterschied zum vorherigen Abschnitt auf Planungsebene nicht von der vorgegebenen Sollposition weitergeplant, sondern vom *aktuellen Fahrzeugzustand* (Rückführung), sodass kein Regelfehler im klassischen Sinne auftritt (Soll-Istwert-Vergleich) und nur eine (Vor-) Steuerung erforderlich ist, die Kurs- und Geschwindigkeitsänderungen in die eigentlichen Stellgrößen[7] für Gas, Bremse und Lenkung umsetzt. Demnach weisen die Verfahren große Ähnlichkeiten mit der Methode der *Optimalsteuerung* [23], [8] oder der *Modellprädiktiven Regelung* [48] auf.

Ohne konkrete Algorithmen der Kapitel 3 und 4 vorwegzunehmen, können grundsätzliche Eigenschaften der High- und Low-level-Stabilisierung im nächsten Abschnitt simulativ analysiert werden.

---

[6]Für einen Einparkassistenten, der nur das Lenkrad kontrolliert, trifft das beispielsweise nicht zu.

[7]Hierfür ist es jedoch trotzdem erforderlich, auf hardwarenahe unterlagerte Regler zurückzugreifen, welche hinreichend schnell Sollvorgaben der Steuerung, wie Lenkwinkelrate oder Beschleunigung, in die jeweiligen elektrischen Stellsignale umwandeln. Ein Verzicht auf solche unterlagerten Regler würde eine direkte Berücksichtigung der hardwarenahen Dynamiken auf Planungsebene erfordern, was die Komplexität enorm steigern, und aufgrund von Planungszykluszeiten $\geq 0.1\,\mathrm{s}$ mit hoher Wahrscheinlichkeit zu Instabilitäten führen würde.

2.2 Simulativer Vergleich der Stabilisierungsstrategien

Ausgangspunkt des Vergleichs zwischen der High- und Low-level-Stabilisierung ist eine Fahrsituation wie bereits in Abb. 1.1 dargestellt, bei der die Aufgabe darin besteht, die Längsdynamik[8] $s(t)$ derart zu beeinflussen, dass das Fahrzeug zu einem vorgegebenen zukünftigen Zeitpunkt t_1 die Wegstrecke $s(t_1) = s_1$ zurück gelegt hat und eine Geschwindigkeit $\dot{s}_1$ und Beschleunigung $\ddot{s}_1$ besitzt, sodass vereinfacht gesehen Kollisionsfreiheit mit den Fahrzeugen der Vorfahrtsstraße sicher gestellt ist. Da sich für dieses Randwertproblem beliebig viele Lösungen ergeben, soll diejenige ausgewählt werden, welche sich für die Insassen als sehr komfortabel erweist, sodass noch zusätzlich für $0 \leq t \leq t_1$ das Kostenfunktional

$$J := \int_0^{t_1} \dddot{s}^2(\tau)\mathrm{d}\tau$$

minimiert werden soll, bei dem $\dddot{s}(t)$ den zu minimierende Ruck, also die zeitliche Änderung der Beschleunigung, darstellt. Da im folgenden simulativen Vergleich die Parameteranzahl so gering wie möglich gehalten werden soll, wird angenommen, dass die Planungszykluszeit verschwindend gering ist. Das sich hierdurch ergebende kontinuierliche, ruckoptimale Regelungsgesetz, dessen Herleitung analog zu Abschn. 3.4 erfolgt, repräsentiert demnach im Vergleich die bestmögliche High-level-Stabilisierung (HLS) im Sinne des Kostenfunktionals.

Die Simulation des über das Optimalregelgesetz geschlossenen Regelkreises ist sowohl für den Fall einer permanenten (z. B. gleichbleibender Wind) in Abb. 2.2(a) als auch einer impulsartigen Störung (z. B. Böe) in Abb. 2.2(b) (grau) dargestellt, wobei die Störungen auf Beschleunigungsebene $\ddot{s}(t)$ angreifen.

Im direkten Vergleich dazu wird zu Simulationsbeginn $t = 0$ die den Vorgaben entsprechende optimale Trajektorie (schwarz gestrichelt) einmalig generiert, über die gesamte Simulationsdauer beibehalten und mit einem linearen Folgeregler im Sinne einer Low-level-Stabilisierung (LLS) gegen dieselben Störungen wie zuvor stabilisiert.

Ganz offensichtlich bereitet die im Rückführungsgesetz unberücksichtigte permanente Störung der HLS Probleme, da diese das Fahrzeug, gerade anfänglich, in Fahrtrichtung „mit sich zieht" (s. Bild. 2.2(a)), sodass die Randbedingung gegen Ende hin nur mit sehr starkem Bremsen (s. Geschwindigkeitsverlauf) eingehalten

---

[8]Zwar zielt das Szenario bereits auf das Trajektorientracking ab, eine Übertragung der Ergebnisse auf die Querstabilisierung einer Bahnfolge ist jedoch direkt möglich.

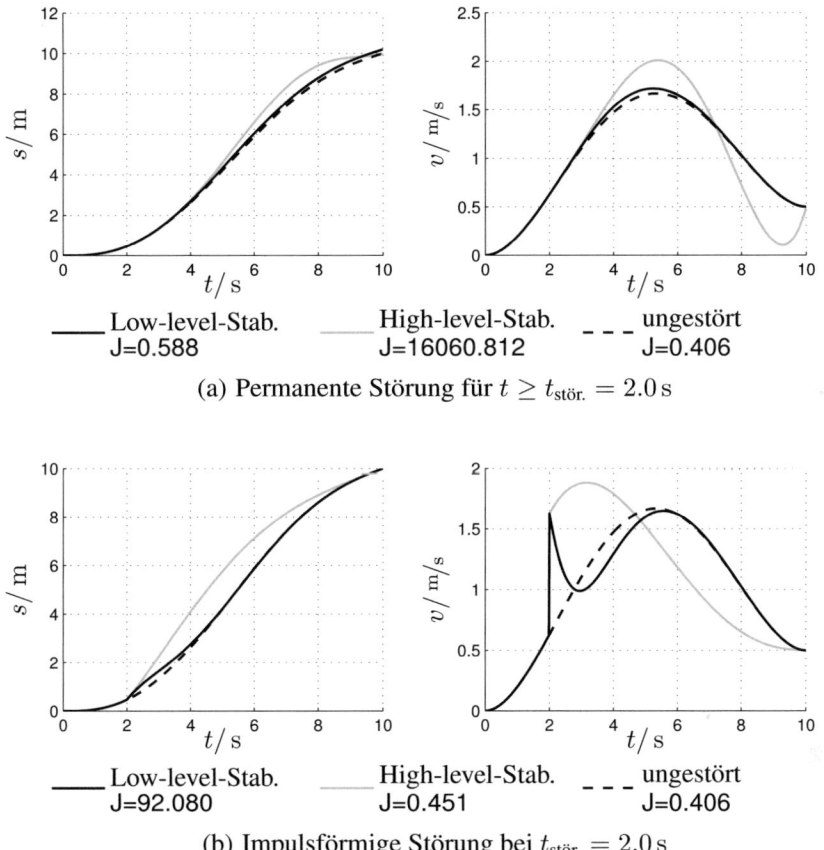

(a) Permanente Störung für $t \geq t_{\text{stör.}} = 2.0\,\text{s}$

(b) Impulsförmige Störung bei $t_{\text{stör.}} = 2.0\,\text{s}$

Abbildung 2.2: Vergleich zwischen einer Low- und High-level-Stabilisierung zum ruckoptimalen Erreichen von $(s_1, \dot{s}_1, \ddot{s}_1) = (10.0\,\text{m}, 0.5\,\text{m/s}, 0.0\,\text{m/s}^2)$ bei $t_1 = 10.0\,\text{s}$ mit unterschiedlichen Störungsarten

werden kann. Im Gegensatz dazu kann die LLS, zumindest theoretisch, so parametrisiert werden, dass der Positionsschleppfehler gegenüber der zuvor berechneten optimalen Referenz beliebig klein wird und sie bezüglich des vorgegeben Kostenfunktionals J besser als die HLS abschneidet.

Dieser Sachverhalt kehrt sich allerdings um, sobald impulsförmige Störungen auftreten, wie in Bild 2.2(b)) dargestellt. In dem Fall schneidet die HLS klar besser ab, da diese unmittelbar nach der Störungseinwirkung zum Zeitpunkt $t_{\text{stör.}}$ mit ei-

ner neuen Trajektorie „reagiert" und somit den Geschwindigkeitssprung einfach
„hinnimmt". Der LLS hingegen bleibt nichts anderes übrig als schnell, verbunden
mit einem großen Ruckintegral, wieder zurück auf die sichere Referenztrajektorie
zurückzukehren (was zwangsweise mit einem Überschwingen der Geschwindigkeit gegenüber der Referenz verbunden ist), sodass sie diesmal in Bezug auf das
Gütekriterium eindeutig schlechter abschneidet als die HLS.

Für die LLS kann zusammengefasst werden, dass sie sich durch Robustheit gegenüber permanenten Störungen und Modellfehlern auszeichnet (vgl. Abb. 2.2). Über
die simulativen Erkenntnisse hinaus erfolgt die Stabilisierung in der praktischen
Umsetzung quasikontinuierlich[9], wodurch zusätzlich eine hohe Regelqualität erzielt werden kann, unabhängig von der Planungsfrequenz der oberen Ebene. Dort
können hierdurch rechenzeitaufwändige Optimierungen auf Basis des jeweiligen
Optimalitätskriteriums durchgeführt werden, ohne Gefahr zu laufen, das Gesamtsystem durch lange Rechenzeiten zu destabilisieren[10]. Als nachteilig erweist sich
jedoch die Anfälligkeit auf Impulsstörungen, welche große Stellgrößen nach sich
ziehen und die somit leicht zu Stellgrößensättigung führen können[11].

Für die HLS wiederum stellt der zuletzt genannte Punkt kein Problem dar, wie
die Simulation beweist, da auf die neue Situation mit einer angepassten optimalen Trajektorie reagiert wird. In vielen Fällen kann es sogar dazu kommen, dass
die impulsförmige Störung die Strecke bereits ein Stück näher ihrem Ziel bringt,
was „dankbar" vom Algorithmus angenommen wird. Problematisch erweisen sich
jedoch permanente Störungen und Modellfehler, die aus Komplexitäts- und Informationsgründen in der Optimierung unberücksichtigt bleiben müssen. Ebenfalls
schwierig gestaltet sich für die HLS im Fahrzeug die Abstimmung zwischen der
Echtzeitberechnung auf Planungsebene und der Stabilität des geschlossenen Ge-
samtregelkreises: Aufgrund der Komplexität der Bahn- bzw. Trajektoriengenerierung kann aus Rechenzeitgründen im Normalfall die 10 Hz-Grenze bei der Neuplanung nicht überschritten werden, was ab einer bestimmten Fahrgeschwindigkeit
unweigerlich zu Problemen führt.

Da sich die beiden Stabilisierungsstrategien geradezu komplementär in ihren Vor-
und Nachteilen darstellen, liegt es nahe, zu fragen, wie die beiden Strategien in
geeigneter Weise kombiniert werden können, was Gegenstand des nächsten Abschnitts ist.

---

[9]Wenn der kontinuierlich entworfenen Regler zeitdiskret im Digitalrechner realisiert ist, wird von
quasikontinuierlicher Regelung gesprochen.

[10]Dies wurde im SFB durch praktische Fahrversuche nachgewiesen, in denen die Fahrspurerken-
nung (Sollbahnbestimmung) mit 1 Hz erfolgte, die quasikontinuierliche Regelung hierdurch jedoch in
keinster Weise beeinträchtigt wurde.

[11]Wenn ein Fahrzeug auf Planungsebene nahe seiner physikalischen Grenzen geführt wird, ist das
Ausregeln einer großen Störung (z. B. Schlagloch) unter Umständen nicht mehr möglich, da die maximal erzielbaren Reifenkräfte evtl. nicht ausreichen, das Fahrzeug zurück zur Sollvorgabe zu bringen.

2.3 Bi-level-Stabilisierung durch schwellwertbasierte Reinitialisierung

Wie im vorherigen Abschnitt simulativ verdeutlicht und in Tab. 2.1 zusammengefasst, eignet sich die LLS in ganz besonderem Maße zur Bekämpfung permanenter Modellfehler und Störungen, welche aus Komplexitäts- und Informationsgründen in der Optimierung auf Planungsebene unberücksichtigt bleiben. Die HLS erweist sich hingegen in Fällen als vorteilhaft, in denen eine klassische Sollwertregelung aufgrund von unvorhersehbaren Impulsstörungen nur noch zeitverzögert mit großen Stellgrößen reagieren kann. Die Kombination beider Strategien zur Vereinigung der jeweiligen Vorteile liegt demnach auf der Hand.

	Modellfehler	perm. Störungen	Impulsstörungen	Echtzeit
Low-level	+	+	−	+
High-level	−	−	+	−
Bi-level	+	+	+	+

Tabelle 2.1: Unterschiedliche Stabilisierungsstrategien im Vergleich

Der naive Versuch, die beschriebenen Stabilisierungsstrategien (Abb. 2.3(a) und 2.3(b)) durch Hintereinanderschalten zu vereinen, scheitert allerdings daran, dass sich hierdurch nichts weiter als wieder die HLS ergibt, da in jedem Planungsschritt (und damit in guter Näherung ständig) der Regelfehler zu Null und die LLS somit außer Kraft gesetzt wird. Die Robustheit der Low-level-Stabilisierung ginge damit wieder verloren.

Die permanente Berücksichtigung des Low-level-Regelfehlers auf Planungsebene hingegen birgt die Gefahr der Instabilisierung, da eine Stabilitätsbetrachtung des sich hierdurch doppelt rückgekoppelten Gesamtsystems äußerst schwierig gestaltet. Somit ist die Idee, auf Planungsebene dem Regler „dosiert" entgegen zu kommen, ohne dass dieser komplett außer Kraft gesetzt wird, aus Sicherheitsgründen abzulehnen.

Die einzig verbleibende Möglichkeit auf Planungsebene bei Impulsstörungen der LLS zu helfen, ohne dass letztere daran gehindert wird, permanente Störungen und Modellfehler zu bekämpfen, besteht darin, i. A. nur vom geplanten, und nur bei Auftreten von Impulsstörungen, ähnlich der *conditioning technique* [31], vom aktuellen[12] Systemzustand die Trajektorie fortzusetzen. Dies wird im Fol-

---

[12]Aufgrund der nicht vernachlässigbaren Rechenzeit der Bahn- oder Trajektorienplanung ist wie in Abschn. 4.5 beschrieben eine Prädiktion des aktuellen Fahrzustands in die Zukunft erforderlich.

genden als *Reinitialisierung* bezeichnet. Die positiven Robustheitseigenschaften der LLS und HLS übertragen sich dann nämlich auf das Gesamtsystem, da aufgrund des singulären Charakters der Reinitialisierung fast immer die Low-level-Rückführung gegen permanente Störungen stabilisiert und ausschließlich bei Impulsstörungen *kurzzeitig* von der HLS *ersetzt*[13] wird. Die im Folgenden als *Bi-level-Stabilisierung* bezeichnete Methode ist in Abb. 2.3(c)) schematisch dargestellt.

Je früher demnach in der Fahrzeuganwendung wahrgenommen werden kann, dass die momentane Situation ohne Intervention zu einer großen Regelabweichung führt, desto schneller ist es möglich durch die Reinitialisierung den aktiven Low-level-Regler zu unterstützen, damit es gar nicht erst zu Stellgrößensättigung oder unkomfortablen (kollisionsunüberprüften!) Regelmanöver mit großen Stellgrößen kommt. Zu jedem Zeitpunkt muss hierfür eine bestimmte Menge von Zustandsvariablen (vorzugsweise Trackingfehlermaße) auf Überschreitung dazugehöriger charakteristischer Schwellwerte überwacht werden, sodass eine Impulsstörung auf das Fahrzeug frühzeitig erkannt wird. Solange alle Fahrzustände außerhalb ihres kritischen Bereichs liegen, stabilisiert der Trackingregler die Solltrajektorie der Planungsebene. Überschreitet jedoch eines der Fehlermaße den sicheren Bereich, weil das Fahrzeug beispielsweise durch eine Fahrbahnunebenheit abgebremst wird, so muss unverzüglich der Fahrzustand rückgeführt und dazu verwendet werden, die Trajektorie *stoßfrei* [106] fortzuführen.

Im Gegensatz zu den Arbeiten [14],[41], welche eine Reinitialisierung durch die Überschreitung eines Fehlermaßes e_{max} auslösen, wird im Folgenden zusätzlich die *Änderung* bestimmter Fehlermaße $\dot{e}_{\mathrm{max}}$ zu Rate gezogen, da hierdurch Impulsstörungen viel früher wahrgenommen werden und sich große Absolutfehler e erst gar nicht aufintegrieren. Im Falle der Simulation von Abschn. 2.2 ergibt sich damit (bei Überwachung des Geschwindigkeitsfehlers und geeigneter Schwellwertwahl) *genau* das jeweils bessere Ergebnis, da die simulierte permanente Störung durch die LLS unterdrückt wird und die Impulsstörung sofort zu einer Reinitialisierung auf Planungsebene führt. Die konkrete Wahl der Fehlermaße und der zugehörigen Schwellwerte erfolgt erfahrungsgemäß reglerspezifisch, sodass hierzu auf Kap. 4 verwiesen wird.

Abschließend sei erwähnt, dass die vorgeschlagene Strategie zum einen während des Entwurfs den Vorteil bietet, dass die Entwicklungsarbeiten der Planungs- und Regelungsebene in großen Teilen disjunkt verlaufen können, und zum anderen die stoßfreie Hand/Automatik-Umschaltung im Versuchsträger (aber auch in einem möglichen Serieneinsatz) löst, wenn für die Dauer eines detektierten Fahrerein-

---

[13]Wie bereits erwähnt, verschwinden bei korrekter Reinitialisierung sämtliche Low-level-Regelfehler, sodass wie bei der klassischen HLS ausschließlich der (Vor-)Steuerterm wirkt.

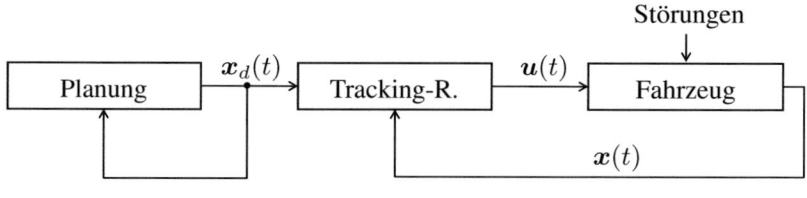

(a) Low-level-Stabilisierung

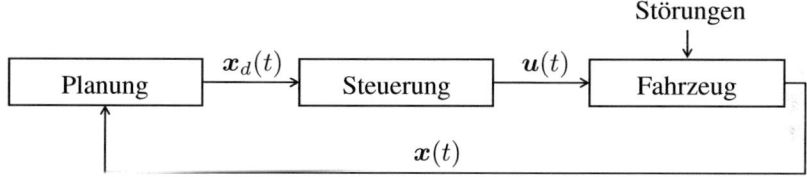

(b) High-level-Stabilisierung

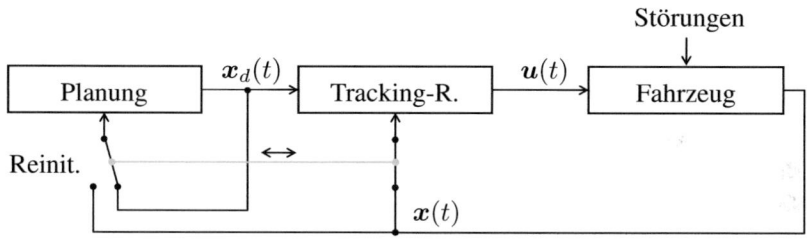

(c) Bi-level-Stabilisierung

Abbildung 2.3: Stabilisierungsstrategien mit unterschiedlichen Zustandsrückführungen

griffs ebenfalls reinitialisiert wird. Darüber hinaus kann die Rechenzeit für Planung und Stabilisierung der Dringlichkeit nach optimal verteilt werden, sodass die Zykluszeiten in Richtung Fahrzeug entsprechend Tab. 2.2 immer kürzer werden (s. auch [63]).

Systemebene	Systemtakt
Routenplanung	$f \approx 1\,\text{Hz}$
Trajektorienplanung	$f \approx 10\,\text{Hz}$
Trajektorienstabilisierung	quasikontinuierlich
Unterlagerte Hardwareregelung	kontinuierlich

Tabelle 2.2: Beispielhafte Rechenzeitverteilung. Je näher die jeweilige Ebene der Fahrzeughardware kommt, desto häufiger muss gerechnet werden, um bei höheren Geschwindigkeiten das Fahrzeug stabil zu halten.

2.4 Zusammenfassung

In diesem Kapitel wird zum einen die Low-level-Stabilisierung genauer beschrieben, bei der sich die Trajektorie unabhängig vom tatsächlichen Fahrzeugzustand fortsetzt, sodass sie rückwirkungsfrei von einem unterlagerten Trackingregler gegen Modellfehler und Störungen stabilisiert werden muss. Zum anderen wird die High-level-Stabilisierung vorgestellt, welche darauf beruht, dass in jedem Planungsschritt die Trajektorie vom aktuellen Fahrzeugzustand geplant wird, sodass gar kein Regelfehler im eigentlichen Sinne auftritt und ausschließlich Optimierungsverfahren zum Einsatz kommen.

Auf Basis eines simulativen Vergleichs, welcher die (erfahrungsgemäß) praktischen Zusammenhänge widerspiegelt, werden die beiden Stabilisierungsstrategien auf Vor- und Nachteile analysiert. Darauf aufbauend kann eine neuartige Bi-level-Stabilisierungsstrategie abgeleitet werden, die die jeweiligen Vorteile der Einzelstrategien in sich vereint. Diese kombiniert eine unterlagerte Regelung mit einer schwellwertbasierten Reinitialisierung auf Planungsebene, sodass aufgrund der Überwachung von Fehleränderungen sich ankündigende, impulsstörungsinitiierte Regelfehler gar nicht erst auftreten. Wie noch in Kap. 5 näher dargestellt wird, zeichnet sich der hierdurch entstehende Gesamtregelkreis sowohl durch Robustheit und kleine Regelfehler, als auch durch geringe Stellamplituden aus und trägt damit ganz erheblich zum souveränen, sicheren Manövrieren in statischen wie auch dynamischen Verkehrsszenarien bei.

KAPITEL 3

Neues Konzept zur Echtzeit-Trajektoriengenerierung

Wie Abschn. 1.2.2 erklärt, erfordert das sichere Navigieren auf realen Straßen aufgrund dynamischer Hindernisse die Planung zeitkritischer Manöver mittels Trajektorien. Da das im Folgenden vorgestellte neue Planungskonzept seine vielfältigen Vorteile gegenüber bestehenden Verfahren gerade im Hinblick auf das Gesamtsystem offenbart, muss die vorgeschlagene Strategie, welche bereits im Rahmen der vorliegenden Arbeit in [103] und [107] veröffentlicht wurde, aus mehreren Perspektiven betrachtet werden: Nach einer kurzen Beschreibung des angestrebten Einsatzbereichs wird die Bedeutung *zeitlich konsistenter* Trajektorien für die Praxis verdeutlicht. Darauf aufbauend wird, zunächst noch auf abstraktem Niveau, der grundlegende Formelapparat mit Konvergenzaussagen hergeleitet. Dieser ist Voraussetzung für die anschließende konkrete Umsetzung typischer, jedoch noch isolierter Manöver, deren genaues Zusammenspiel zum Gesamtalgorithmus im Anschluss ausgeführt wird. Eine abschließende kritische Gesamtbetrachtung fokussiert zusätzlich auf weitere Aspekte des Verfahrens.

3.1 Analyse bestehender Planungsstrategien

Entsprechend Abschn. 1.2 spiegeln die erprobten Gesamtsysteme der *Urban-Challenge*-Finalisten verlässlich den Stand der Technik wider, da beim autonomen Fahren die Leistungsfähigkeit eines Algorithmus erst im Gesamtsystem Maß aller Dinge ist. Zur Bewältigung sämtlicher (im Wettkampf) auftretender Verkehrssituationen binden die Gesamtsysteme spezialisierte Algorithmen für zwei grundsätzlich unterschiedliche Bewegungsplanungsaufgaben ein: die Bewegungsplanung für strukturierte und unstrukturierte Umgebungen.

Hauptschwierigkeit der Bewegungsplanung in unstrukturierter Umgebung wie Parkplätzen stellen die unzähligen Kombinationsmöglichkeiten von Lenkbewegung und Richtungswechsel zum Erreichen eines oftmals weit entfernten (wenn auch eindeutigen) Ziels (z. B. ein bestimmter Parkplatz) dar. Um überhaupt einen Lösungspfad nach passabler Rechenzeit zu liefern (im schlimmsten Fall bleibt das Auto jedoch kurz stehen), wird die Umgebung während der Planungsphase als statisch angenommen, sodass es reicht, Pfade, ggf. mit Geschwindigkeitsattributen, zu berechnen. Eine quasi-kontinuierliche Neuplanung (wie für die im Folgenden beschriebene reaktive Kollisionsvermeidung in strukturierter Umgebung) ist mit aktueller Rechenleistung nicht möglich[1]. Zur Lösung des Pfadplanungsproblems haben sich u. a. sog. *lattice planner* etabliert ([64], [65], [108]), welche auf einer raffiniert gewählten Untermenge aller möglichen Manöver mit Hilfe geeignet gewählter Graphensuchalgorithmen unter Minimierung eines Kostenfunktionals (z. B. kürzeste Strecke) den Weg zum Ziel finden.

In strukturierter Umgebung wie Straßen verlagern sich die Schwierigkeiten hingegen [46], sodass andere Methoden zum Einsatz kommen: Während der Optimierungshorizont (in Kombination mit geeigneten Heuristiken, s. Abschn. 3.6) verkürzt werden darf (schließlich reicht es aus, wenn sich das Fahrzeug in jedem Planungsschritt sicher entlang der Straße in Richtung Ziel bewegt), muss ständig auf die sich ändernde Verkehrssituation reagiert werden. Im Vergleich zur bahnbasierten Parkplatzplanung ist damit eine quasi-kontinuierliche, idealerweise trajektorienbasierte[2] Planungsstrategie unerlässlich. Um die damit verbundenen kurzen Planungszykluszeiten ($\approx 0.1\,\mathrm{s}$) zu gewährleisten, ist es von Vorteil, wenn sich die Trajektoriengenerierung auf die „effektiven" Manöver konzentriert, welche (bei einem Optimierungshorizont von ca. 3 s) durch eine *doppelte Kursänderung* (drei bis vier Lenkbewegungen) gekennzeichnet sind[3] und das Fahrzeug gezielt versetzen (s. Abb. 3.1). Hierzu berechnet beispielsweise das *Urban-Challenge-*Gewinnerfahrzeug [88] in jedem Planungsschritt gemäß der aktuellen Längsstrategie eine fächerförmige Menge von fahrphysikalisch realisierbaren Trajektorien und folgt, entsprechend einem Kostenfunktional, der günstigsten kollisionsfreien. Diese verhältnismäßig kurzsichtige Planungskomponente, oftmals als *reaktive Schicht* bezeichnet, überlagert zusätzlich zur Vermeidung von Kollisionen mit plötzlich auftretenden Hindernissen die langsame Pfadplanung beim Abfahren der berechneten Bahn. Das ist problemlos möglich, da der berechnete Pfad als Straße

---

[1]Dennoch kann während der Pfadverfolgung die Zeit genutzt werden, so oft wie möglich zu planen, um die neue Sensorinformation der Umgebung möglichst früh mit einzubeziehen. Das Gewinnerfahrzeug [88] berechnet sogar, wenn auch mit Hilfe mehrerer Computer, Pfade für zukünftige Probleme, sodass beispielsweise während des Einparkvorgangs die Berechnung des Ausparkens durchgeführt wird.

[2]Der *Urban-Challenge*-Gewinner [88] berechnet als einziger bereits Trajektorien.

[3]Spießrutenlaufähnliche Situationen, welche auf einem kurzen Planungshorizont mehr als vier Lenkbewegungen erfordern, sind im Straßenverkehr erfahrungsgemäß nicht anzutreffen.

aufgefasst werden kann und damit ein unstrukturierter Parkplatz, algorithmisch gesehen, in eine strukturierte Umgebung verwandelt wird.

Die bisherige Herangehensweise zur Generierung von reaktiven Pfaden bzw. Trajektorien birgt jedoch zwei gravierende Probleme, die sich bei größerer Geschwindigkeit und höherem Verkehrsaufkommen noch verstärken: Zum einen sind die verwendete Funktionenklasse und das Gütefunktional der berechneten Trajektorien nicht aufeinander abgestimmt (vgl. [42]), sodass keine Stabilitätsaussage gemacht werden kann (s. Abschn. 3.2), zum anderen erfolgt keine kombinierte Optimierung von Quer- und Längsbewegung. Stattdessen wird zunächst ohne Kenntnis der zukünftigen Querbewegung die Längsbewegung entsprechend der aktuellen Längsstrategie (z. B. Abstandshalten) berechnet, deren Längsbewegung anschließend bei der Optimierung der Querbewegung als gegeben hingenommen wird. Diese Bi-level-Optimierung liefert jedoch für Situationen, in denen durch abgestimmtes Bremsen starke Lenkbewegungen vermieden werden können, suboptimale Lösungen, welche durch ihr unnatürliches Fahrverhalten Unfälle provozieren.

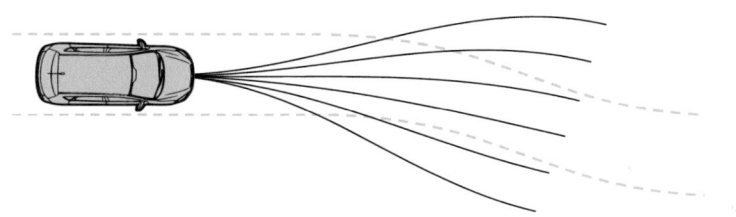

Abbildung 3.1: Fächerförmige Alternativtrajektorien zur Versetzung des Fahrzeugs bei Ausweichmanövern auf Straßen

Der im Folgenden beschriebene Algorithmus zur Generierung von *Trajektorien* in *strukturierter Umgebung* behebt die beschriebenen Probleme: Zum einen wird durch Anwendung der Optimalsteuerungstheorie [8] die verwendete Funktionenklasse des Trajektorienfächers auf das Kostenfunktional abgestimmt, was unter noch genauer zu definierenden Voraussetzungen die Stabilität der Planung garantiert. Zum anderen wird die Längs- und Querbewegung, und damit bei deren Umsetzung Gas, Bremse und Lenkung, kombiniert optimiert, wodurch sich das Fahrzeug bei Ausweichmanövern in natürlicher Weise dem Verkehrsfluss anpasst. Hierdurch verlagert sich allerdings die (üblicherweise auf höherer Ebene getroffene) Wahl der Längsstrategie in die Trajektorienplanung selbst, sodass die Schwierigkeit darin besteht, für die im Straßenverkehr anzutreffenden unterschiedlichen

Längsmodi ein möglichst einheitliches, leicht zu parametrierendes Rahmenwerk bereitzustellen. Darüber hinaus birgt der vorgestellte Algorithmus neben der Umsetzung längerfristiger Ziele, z. B. Anhalten, Spurwechsel, Einfädeln, Geschwindigkeitsanpassung, weitere Vorzüge, welche gerade bei höheren Geschwindigkeiten zum Tragen kommen und noch genauer in Abschn. 3.6 diskutiert werden. Zunächst wird jedoch die für die Sicherheit eines autnomen Fahrzeugs so wichtige *zeitliche Konsistenz* einer geplanten Trajektorie eingeführt.

3.2 Sicherstellung zeitlicher Konsistenz durch das Bellman-Prinzip

Das Optimalitätsprinzip von Bellman besagt, dass sich jede Optimallösung aus optimalen Teillösungen zusammensetzt. Das wiederum bedeutet, dass sich bei Bewegungen entlang der optimalen Trajektorie das aktuell verbleibende Stück nur (entsprechend der Bewegung) verkürzt, nicht jedoch andersartig variiert, was im Rahmen der Arbeit als *zeitlich-konsistent* bezeichnet wird. Im Unterschied zu den bekannten Arbeiten zur Wegoptimierung [19], [68],[77], steht bei der im Folgenden hergeleiteten Trajektoriengenerierung nicht die Minimierung eines bestimmten Kostenfunktionals im Vordergrund, sondern vielmehr die Einhaltung der zeitlichen Konsistenz.

Wie in Abb. 3.2 verdeutlicht, ist diese Algorithmeneigenschaft nicht generisch, jedoch im praktischen Einsatz aus drei Gründen unabdingbar: Erstens impliziert die zeitliche Konsistenz die Stabilität der (durch Iteration rückgekoppelten) Planung, da ein Aufschaukeln der Trajektorie ausgeschlossen ist. Zweitens ist die resultierende Trajektorie unabhängig von der Neuplanungsfrequenz, sodass bei Variation der Zykluszeit nicht mit Überraschungen wie Überschwingern etc. (s. Abb. 3.2 unten) gerechnet werden muss. Drittens wird auch tatsächlich die zukünftige und nicht nur eine ähnlich geartete Trajektorie auf Kollision überprüft, was notwendig für eine vorausschauende Fahrweise ist.

Die Realisierung zeitlicher Konsistenz ist jedoch nicht immer möglich. Zum einen muss auf die sich ändernde Verkehrssituation reagiert werden, deren Voraussage mit zunehmendem Prädiktionshorizont immer unsicherer wird. Zum anderen kann in der Praxis aus Rechenzeitgründen die Optimierung nur auf einem endlichen Horizont durchgeführt werden (engl. *receiding horizon*).

Diese Begleitumstände werden von der im Folgenden hergeleiteten Trajektoriengenerierung ausgenutzt, welche die zeitliche Konsistenz immer nur dann sichert, wenn es aus den genannten praktischen Gründen nicht von vornherein ausgeschlossen ist, und damit eine schnelle Echtzeitberechnung erst ermöglicht.

Die Hauptschwierigkeit bei der Trajektorienoptimierung stellen die komplexen zeitvarianten und -invarianten Restriktionen dar, welche durch die Fahrdynamik (begrenzte Quer- und Längsdynamik, minimaler Kurvenradius) und dem verfügbaren dynamischen Verkehrsraum (zzgl. Sicherheitsabstände) bestimmt werden[4]. Diese verbieten die Einschränkung der Optimallösung auf eine bestimmte Funktionenklasse[5], sodass eine allgemeine Lösung bestenfalls durch eine aufwändige numerische Rechnung gefunden werden kann, was im Widerspruch zu einer echtzeitfähigen Implementierung steht. Für das freie Problem (ohne Restriktionen) mit geeignet gewähltem Kostenfunktional hingegen ist es möglich, geschlossene Lösungen herzuleiten, auf deren Basis das restringierte Problem näherungsweise gelöst werden kann. Dafür wird die folgende Optimierungsheuristik verwendet.

Optimierungsheuristik:
Wähle die beste Lösung in der Funktionenklasse der Optimallösung des unrestringierten Problems, welche die Restriktionen einhält.

Sobald die beste Trajektorie des realen restringierten Problems mit der des vereinfachten, unrestringierten Problems identisch ist (es wird dann auch von inaktiven Restriktionen gesprochen), sichert erneut das Bellmanprinzip zeitliche Konsistenz. Wie noch genauer in Abschn. 3.6 beleuchtet wird, trifft dies für den Großteil der Situationen zu, da aktive Restriktionen nur bei (von der Verhaltensebene [79]) unvorhergesehenen Ereignissen (oder Fehlentscheidungen) zu erwarten sind, bei denen zeitliche Konsistenz ohnehin nicht möglich ist. Wie die Fahrversuche in Kap. 5 zeigen, „trifft" die Trajektorienplanung in den restlichen Situationen dennoch intuitiv nachvollziehbare „Entscheidungen" und vermeidet dadurch eine Verunsicherung menschlicher Verkehrsteilnehmer.

3.3 Problemformulierung in Frenet-Koordinaten

Bevor nun in diesem Abschnitt die Optimierung der Fahrtrajektorie durchgeführt werden kann, muss das eigentliche Optimierungsproblem geeignet formuliert werden. Hierzu sei Abb. 3.3 betrachtet.

Während Spurwechsel (a) sicherlich aus Komfort und Effizienzgründen immer Spurwechsel (b) vorzuziehen ist, kann letzteres Manöver dennoch häufig im Straßenverkehr beobachtet werden. Hintergrund ist wohl die in (c) visualisierte Planungsstrategie vieler Kraftfahrzeugführer, welche vor allem bei schneller Fahrt

---

[4]Zusätzliche Restriktionen wie maximal zulässige Verzögerung können zur Risikominimierung während prototypischer Fahrversuche auferlegt werden.
[5]Vier Fahrzeuge können beispielsweise ein umzingeltes fünftes durch ihre abgestimmte Bewegung auf jede beliebige Trajektorie zwingen.

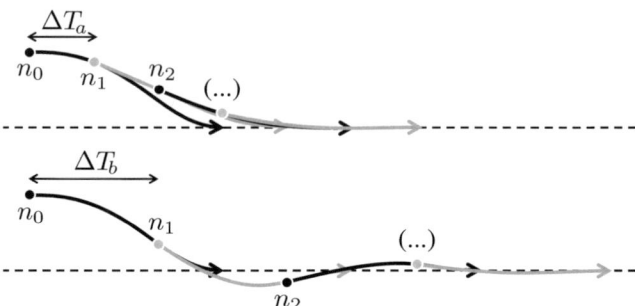

Abbildung 3.2: Verschiedene Ergebnisse desselben *suboptimalen* Planungsalgorithmus hervorgerufen durch unterschiedliche Planungszyklen: (oben) Schnelle Neuplanung mit tolerierbarem transientem Verhalten, (unten) langsame Neuplanung mit Überschwingern; ΔT_a und ΔT_b stellen die Zykluszeiten, n_i den Startpunkt in jedem Planungsschritt dar.

angewandt wird. Die (nicht ohne Grund) installierten Fahrbahnmarkierungen vereinfachen nämlich die Trajektorienplanung enorm, da sie zum einen (bei Einhaltung der zulässigen Höchstgeschwindigkeit) durch ihre Form dem Fahrer eine hinreichend große fahrphysikalische Reserve lassen, die zur Realisierung von einfach zu erlernenden, oftmals geschwindigkeitsunabhängigen Querbewegungen relativ zur Straße genutzt wird. Zum anderen wird die Bewegungsprädiktion für andere Verkehrsteilnehmer erleichtert, da Relativmanöver zur Straße von diesen viel früher als Absolutbewegungen über dem Untergrund wahrgenommen und eingeschätzt werden können[6].

Der Sachverhalt motiviert die Koordinatenwahl der im Anschluss vorgestellten Trajektoriengenerierung, bei welcher die Querbewegung zur Straße entsprechend Abb. 3.4 als $d(t)$ im Frenet-Koordinatensystem $[\boldsymbol{n}_r, \boldsymbol{t}_r]$ einer Referenzkurve beschrieben wird. Diese Referenzkurve stellt in strukturierter Umgebung im einfachsten Fall die Straßenmitte dar und ist in unstrukturierter Umgebung das Ergebnis einer Pfadsuche.

Zur Ausnutzung des für die ebene Bewegung erforderlichen zweiten Freiheitsgrads wird nun nicht, wie intuitiv naheliegend, direkt die Bewegung in Richtung $\boldsymbol{t}_x$ der zu generierenden Trajektorie $\boldsymbol{x}$ geplant, sondern die des Fußpunkts $\boldsymbol{r}(s)$ mit Hilfe der entlang der Referenzkurve zurückgelegten Wegstrecke $s(t)$. Grund hierfür ist,

---

[6]Demnach ist bei hohem Verkehrsaufkommen der Fahrspurwechsel (a) gefährlich.

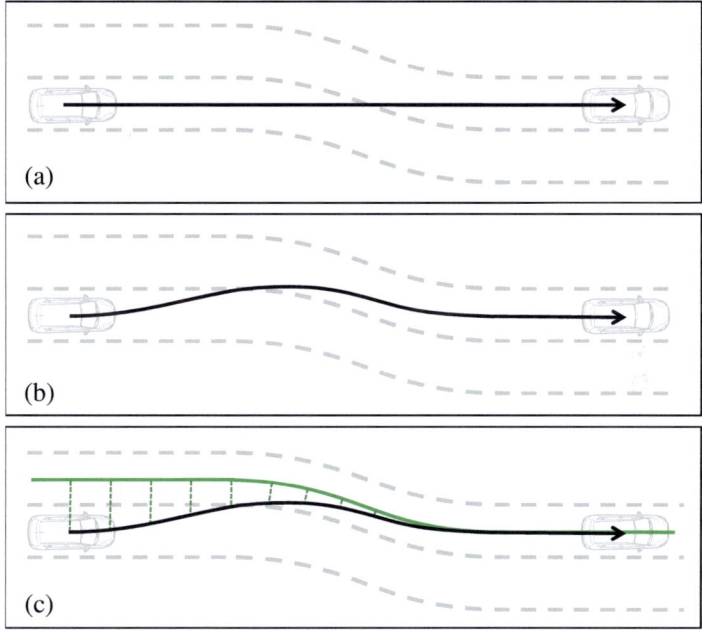

Abbildung 3.3: Unterschiedliche Spurwechselarten (a) und (b) sowie die Visualisierung (c) der Planungsstrategie von (b)

dass dadurch die sich ergebende Trajektorie durch

$$\boldsymbol{x}(s(t), d(t)) = \boldsymbol{r}(s(t)) + d(t)\, \boldsymbol{n}_r(s(t)) \tag{3.1}$$

geschlossen (und nicht etwa durch numerisches[7] Lösen einer Differentialgleichung) berechnet werden kann. Auch vereinfacht die Planung für $s(t)$ die Vorgabe von Haltepunkten und Sollabständen (s. Abschn. 3.5.2). Des Weiteren unterscheiden sich im Vergleich zur überspitzten Darstellung der Abb. 3.4 in der Praxis die Koordinatensysteme $[\boldsymbol{n}_r, \boldsymbol{t}_r]$ und $[\boldsymbol{n}_x, \boldsymbol{t}_x]$ in ihrer Orientierung viel weniger und richten sich mit zunehmender Geschwindigkeit immer weiter aneinander aus, sodass für typische Kurvenradien die Trajektorienlängsbewegung hinreichend genau mit der des Fußpunkts übereinstimmt.

---

[7]Die Referenzkurve liegt i. A. nicht in geschlossener Form vor.

Zur Sicherstellung der zeitlichen Konsistenz ist es, wie Abschn. 3.2 beschreibt, erforderlich, für die verschiedenen Fahrmodi ein jeweils geeignetes Kostenfunktional aufzustellen, welches die optimale Trajektorie beschreibt. Zur modularen Anpassung an verschiedene Verkehrssituationen sowie zur Ableitung geschlossener Lösungen ist es hierbei erforderlich, das Gesamtkostenfunktional

$$J(d(t), s(t)) = J_d(d(t)) + k_s J_s(s(t)) \qquad (3.2)$$

einer Trajektorie aus über k_s gewichteten Quer- und Längskosten zusammenzusetzen[8]. Das erweist sich jedoch nicht als praktische Einschränkung, wodurch zur Minimierung von (3.2) die nachstehende Optimierung von $d(t)$ und $s(t)$ in weiten Teilen disjunkt verlaufen kann.

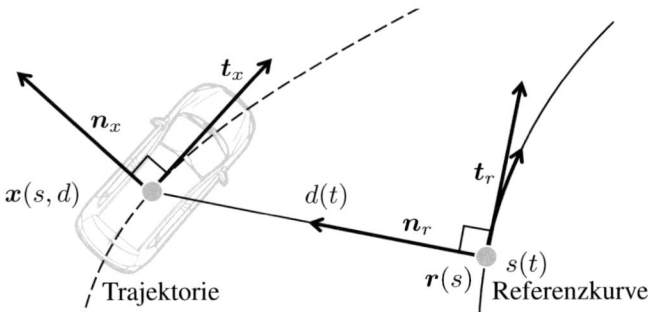

Abbildung 3.4: Trajektoriengenerierung in den Frenet-Koordinaten der Referenzkurve

Da eine optimale Trajektorie dem Verkehrsfluss angepasst sein muss, verbieten sich sowohl in Längs- als auch in Querrichtung der Straße ruckartige, von außen schwer voraussehbare Manöver, welche darüber hinaus von den Insassen als störend empfunden werden, und in der Regelung vernachlässigte, hochfrequente Dynamiken anregen. Wie bereits in [86] und [92], spielt aus diesem Grund auch nachfolgend die Minimierung des sog. *Rucks*, die Zeitableitung der Beschleunigung, eine bedeutende Rolle.

---

[8]Insbesondere das im Folgenden minimierte, über $\sqrt{k_s}$ gewichtete quer-längs-kombinierte Ruckintegral $\int_0^\tau \|[\dddot{d}(t), \sqrt{k_s}\,\dddot{s}(t)]^T\|^2 \mathrm{d}t = \int_0^\tau \dddot{d}^2(t)\mathrm{d}t + k_s \int_0^\tau \dddot{s}^2(t)\mathrm{d}t$ lässt sich in Quer- und Längskosten aufteilen.

3.4 Abstrakte Formulierung und Lösung des Optimalsteuerproblems

Für die einheitliche Darstellung des im Folgenden betrachteten Optimalsteuerproblems zur Herleitung optimaler, vorläufig isolierter Quer- und Längsbewegungen $d(t)$ und $s(t)$, werden sie als Ausgang $d(t) = \xi_1(t)$ bzw. $s(t) = \xi_1(t)$ eines jeweiligen Integratorsystems

$$\dot{\boldsymbol{\xi}} = \begin{bmatrix} 0 & 1 & 0 \\ 0 & 0 & 1 \\ 0 & 0 & 0 \end{bmatrix} \boldsymbol{\xi} + \begin{bmatrix} 0 \\ 0 \\ 1 \end{bmatrix} u =: \boldsymbol{f}(\boldsymbol{\xi}, u) \tag{3.3}$$

mit $\boldsymbol{\xi}^{\mathrm{T}} = [\xi_1, \xi_2, \xi_3]$ betrachtet, dessen Systemeingang $u(t) = \dddot{\xi}_1(t)$ demnach den Ruck $\dddot{d}(t)$ bzw. $\dddot{s}(t)$ darstellt und (zunächst) keinen Restriktionen unterliegt. Damit kann das Kostenfunktional

$$J_\xi := \int\limits_0^\tau f_0(u)\mathrm{d}t + (h(\boldsymbol{\xi}(t), t))_\tau \quad \text{mit} \quad f_0(u) := \frac{1}{2}u^2(t) \tag{3.4}$$

mit noch für einen Endzeitpunkt τ genauer zu spezifizierenden Endkosten $(h(\boldsymbol{\xi}(t), t))_\tau$ definiert werden, und es gilt:

Satz 1 (Optimalität quintischer[9] Polynome). *Die unrestringierte Bewegung von $\xi_1(t)$, welche das System (3.3) unter Minimierung des Kostenfunktionals (3.4) vom Anfangszustand $\boldsymbol{\xi}(0) = \boldsymbol{\xi}_0$ in einen gegebenen Endzustand $\boldsymbol{\xi}(\tau) = \boldsymbol{\xi}_\tau$ überführt, ist in der Menge der quintischen Polynome.*

Beweis. Durch Ableiten der Lagrangefunktion [23]

$$\mathcal{L} := f_0 - \boldsymbol{\psi}^{\mathrm{T}}[\boldsymbol{f} - \dot{\boldsymbol{\xi}}] = \frac{1}{2}u^2 + \psi_1[\dot{\xi}_1 - \xi_2] + \psi_2[\dot{\xi}_2 - \xi_3] + \psi_3[\dot{\xi}_3 - u]$$

nach dem Eingang vereinfacht sich die Steuergleichung $\frac{\partial \mathcal{L}}{\partial u} = 0$ zu

$$u = \psi_3.$$

Somit liefert die Euler-Lagrange-Differentialgleichung $\frac{\partial \mathcal{L}}{\partial \boldsymbol{\xi}} - \frac{\mathrm{d}}{\mathrm{d}t}\left(\frac{\partial \mathcal{L}}{\partial \dot{\boldsymbol{\xi}}}\right) = \boldsymbol{0}$

$$0 - \dot{\psi}_1 = 0 \tag{3.5a}$$

$$-\psi_1 - \dot{\psi}_2 = 0 \tag{3.5b}$$

$$-\psi_2 - \dot{\psi}_3 = 0, \tag{3.5c}$$

---

[9]fünfter Ordnung

sodass aus (3.5a) $\psi_1 = $ const. und damit aus (3.5b), (3.5c) und (3.3) schließlich

$$
\begin{bmatrix} \xi_1 \\ \xi_2 \\ \xi_3 \\ \psi_3 \\ \psi_2 \\ \psi_1 \end{bmatrix} = \begin{bmatrix} 1 & t & t^2 & t^3 & t^4 & t^5 \\ 0 & 1 & 2t & 3t^2 & 4t^3 & 5t^4 \\ 0 & 0 & 2 & 6t & 12t^2 & 20t^3 \\ 0 & 0 & 0 & 6 & 24t & 60t^2 \\ 0 & 0 & 0 & 0 & -24 & -120t \\ 0 & 0 & 0 & 0 & 0 & 120 \end{bmatrix} \begin{bmatrix} c_0 \\ c_1 \\ c_2 \\ c_3 \\ c_4 \\ c_5 \end{bmatrix}
\tag{3.6}
$$

mit $c_0, c_1, \ldots, c_5 \in \mathbb{R}$ folgt.   □

Des Weiteren gilt in ähnlicher Weise:

Satz 2 (Optimalität quartischer[10] Polynome). *Die unrestringierte Bewegung von* $\xi_1(t)$, *welche das System* (3.3) *vom Anfangszustand* $\boldsymbol{\xi}(0) = \boldsymbol{\xi}_0$ *in einen vorgegebenen Endzustand* $\boldsymbol{\xi}(\tau) = \boldsymbol{\xi}_\tau$, *jedoch mit beliebiger Endposition* $\xi_1(\tau)$, *unter Minimierung des Kostenfunktionals* (3.4) *überführt, ist in der Menge der quartischen Polynome, für den Fall, dass die Endkosten* $(h(\boldsymbol{\xi}(t), t))_\tau$ *unabhängig von* ξ_1 *sind.*

Beweis. Die Beweisführung ist identisch zur vorherigen mit der Ausnahme, dass (durch die Einschränkung bei den Endkosten) die zusätzliche Transversalitätsbedingung $\psi_1 = -\frac{\partial h}{\partial \xi_1} = 0$ gilt und somit c_5 verschwindet.   □

Des Weiteren sind die Koeffizienten $[\boldsymbol{c}_{012}^{\mathrm{T}}, \boldsymbol{c}_{345}^{\mathrm{T}}] := [c_0, c_1, c_2, c_3, c_4, c_5]$ der quintischen Optimaltrajektorie

$$
\boldsymbol{\xi}(t) = \boldsymbol{M}_1(t)\boldsymbol{c}_{012} + \boldsymbol{M}_2(t)\boldsymbol{c}_{345}
\tag{3.7}
$$

mit

$$
\boldsymbol{M}_1(t) := \begin{bmatrix} 1 & t & t^2 \\ 0 & 1 & 2t \\ 0 & 0 & 2 \end{bmatrix} \quad \text{und} \quad \boldsymbol{M}_2(t) := \begin{bmatrix} t^3 & t^4 & t^5 \\ 3t^2 & 4t^3 & 5t^4 \\ 6t & 12t^2 & 20t^3 \end{bmatrix}
$$

durch den Anfangszustand $\boldsymbol{\xi}(0) = \boldsymbol{\xi}_0$ und den Endzustand $\boldsymbol{\xi}(\tau) = \boldsymbol{\xi}_\tau$ zum Endzeitpunkt $\tau > 0$ genau bestimmt:

$$
\boldsymbol{c}_{012} = \boldsymbol{M}_1(0)^{-1}\boldsymbol{\xi}(0) \qquad =: \boldsymbol{q}_{012}(\xi_1(0), \xi_2(0), \xi_3(0)) \tag{3.8}
$$

$$
\boldsymbol{c}_{345} = \boldsymbol{M}_2(\tau)^{-1}[\boldsymbol{\xi}(\tau) - \boldsymbol{M}_1(\tau)\boldsymbol{c}_{012}] \quad =: \boldsymbol{q}_{345}(\xi_1(\tau), \xi_2(\tau), \xi_3(\tau))
$$

---

[10]vierter Ordnung

Analog erfolgt die Koeffizientenberechnung

$$c_{34} = q_{34}(\xi_2(\tau), \xi_3(\tau))$$

des quartischen Polynoms.

Formal ist damit das Variationsproblem zwar gelöst, für die Praxis jedoch nur auf ein gewöhnliches Optimierungsproblem reduziert, da immer noch der Endzeitpunkt τ sowie der Endzustand $[\xi_1(\tau), \xi_2(\tau), \xi_3(\tau)]$ bzw. $[\xi_2(\tau), \xi_3(\tau)]$ geeignet gewählt werden muss. Deren Optimierung ist Gegenstand der beiden folgenden Abschnitte.

3.4.1 Einführung einer kontinuierlichen Zielmannigfaltigkeit

Bei der Wahl eines geeigneten Endzustands für die Längs- oder Querbewegung muss zum einen berücksichtigt werden, dass durch die praktischen Anforderungen von vornherein die Menge aller sinnvollen Möglichkeiten eingeschränkt ist. Beispielsweise soll sich das Fahrzeug tendenziell entlang der Fahrbahn und nicht quer dazu bewegen. Zum anderen muss sichergestellt werden, dass der Endpunkt frei und nicht durch ein Hindernis blockiert ist (was allerdings erst später beim restringierten Problem in Abschn. 3.4.2 zum Tragen kommt). Genauso schwierig wie die Wahl des Endzustands stellt sich die des optimalen Endzeitpunkts dar. Auf der einen Seite führt ein zu frühes Ankommen zu großen, möglicherweise unkomfortablen und energieineffizienten Stellgrößen, ein zu spätes Erreichen jedoch auf der anderen Seite zu trägen Bewegungen. Zudem sind die gerade beschriebenen Sachverhalte stark gekoppelt, sodass die teils widersprüchlichen Anforderungen nur über einen Kompromiss erfüllt werden können.

Zur mathematischen Problemformulierung bietet sich die Beschreibung der Menge aller geeigneten Endzustände durch eine Zielmannigfaltigkeit an, welche durch

$$(z(\boldsymbol{\xi}(t), t))_\tau := \left(\begin{bmatrix} \xi_2(t) - \dot{\xi}_{\text{ref}}(t) \\ \xi_3(t) - \ddot{\xi}_{\text{ref}}(t) \end{bmatrix} \right)_\tau = \mathbf{0} \tag{3.9}$$

gegeben ist. Diese schränkt den Endzustand $\xi_1(\tau)$ zwar (zunächst) nicht ein, zwingt jedoch seine erste und zweite zeitliche Ableitung $\xi_2(t)$ und $\xi_3(t)$ im Endzeitpunkt τ identisch mit denen einer Referenztrajektorie $\xi_{\text{ref}}(t)$ entsprechend Abb. 3.5 zu sein.

Der beschriebene Kompromiss wiederum wird unter Minimierung des Kostenfunktionals (3.4) gefunden, wobei die Endkosten $(h(\boldsymbol{\xi}(t), t))_\tau$ erstmalig zum Tragen kommen. Für sie stellt

$$(h(\boldsymbol{\xi}(t), t))_\tau := \left(k_\tau t + \frac{1}{2} k_{\xi_1} [\xi_1(t) - \xi_{\text{ref}}(t)]^2 \right)_\tau , \tag{3.10}$$

$k_\tau, k_{\xi_1} > 0$, nur eine, wenn auch durch die vorliegende Arbeit praxiserprobte Möglichkeit dar, mit der es sich zudem im Folgenden kompakt rechnen lässt. Hierbei wird langsames Annähern an den Endzustand ebenso bestraft, wie große Endabweichungen von der Referenztrajektorie.

Da Satz 1 unabhängig von den Endkosten gilt, reicht es zur Lösung des Optimalsteuerproblems aus, zum quintischen Polynom das Paar $[\xi_1(\tau), \tau]$ zu bestimmen, welches die Gesamtkosten (3.4) minimiert. Entsprechend der Vorgehensweise der Optimalsteuerung ergibt sich mit

$$\left(\frac{\partial z}{\partial \xi}\right)_\tau = \begin{bmatrix} 0 & 1 & 0 \\ 0 & 0 & 1 \end{bmatrix}$$

und den Endkosten (3.10) die Transversalitätsbedingung [23]

$$\left(\frac{\partial h}{\partial \xi}\right)_\tau + \psi(\tau) - \left(\frac{\partial z}{\partial \xi}\right)_\tau^T \mu =$$
$$\begin{bmatrix} k_{\xi_1}[\xi_1(\tau) - \xi_{\text{ref}}(\tau)] \\ 0 \\ 0 \end{bmatrix} + \begin{bmatrix} \psi_1(\tau) \\ \psi_2(\tau) \\ \psi_3(\tau) \end{bmatrix} - \begin{bmatrix} 0 & 0 \\ 1 & 0 \\ 0 & 1 \end{bmatrix} \begin{bmatrix} \mu_1 \\ \mu_2 \end{bmatrix} = \mathbf{0}.$$

Die letzten beiden Zeilen beinhalten keine zusätzliche Information, wohl aber die erste, welche als

$$[\xi_1(\tau) - \xi_{\text{ref}}(\tau)] = -\frac{1}{k_{\xi_1}} \psi_1 = -\frac{120}{k_{\xi_1}} c_5 \tag{3.11}$$

geschrieben werden kann. In Kombination mit (3.9) liefert dann Auflösen nach

$$\boldsymbol{\xi}_{\text{ref}} := [\xi_{\text{ref}}, \dot{\xi}_{\text{ref}}, \ddot{\xi}_{\text{ref}}]^T$$

und Einsetzen von (3.7) den Zusammenhang

$$\boldsymbol{\xi}_{\text{ref}}(\tau) = \boldsymbol{M}_1(\tau)\boldsymbol{c}_{012} + \boldsymbol{M}_3(\tau)\boldsymbol{c}_{345}$$
$$\text{mit} \quad \boldsymbol{M}_3(\tau) := \boldsymbol{M}_2(\tau) + \begin{bmatrix} \frac{120}{k_{\xi_1}} & 0 & 0 \end{bmatrix}^T,$$

was unter Berechnung der ersten drei Polynomkoeffizienten mittels (3.8) zur Bestimmung der restlichen für $\tau > 0$ und $k_{\xi,1} > 0$ nach

$$\boldsymbol{c}_{345} = \boldsymbol{M}_3^{-1}(\tau)[\boldsymbol{\xi}_{\text{ref}}(\tau) - \boldsymbol{M}_1(\tau)\boldsymbol{c}_{012}] \tag{3.12}$$

aufgelöst werden kann.

Da über den Endzeitpunkt τ ebenfalls optimiert werden soll, gilt zusätzlich [23]

$$f_0(u) - \psi(\tau)^T \boldsymbol{f}(\tau) + \left(\frac{\partial h}{\partial t}\right)_\tau = 0,$$

was sich mit

$$\left(\frac{\partial h}{\partial t}\right)_\tau = (k_\tau + k_{\xi_1}[\xi_1(t) - \xi_{\text{ref}}(t)] \underbrace{[\dot\xi_1(t) - \dot\xi_{\text{ref}}(t)]}_{=z_1=0})_\tau = k_\tau$$

als

$$\frac{1}{2}u^2(\tau) - \psi_1(\tau)\xi_2(\tau) - \psi_2(\tau)\xi_3(\tau) - \psi_3(\tau)u(\tau) + k_\tau =$$
$$-\frac{1}{2}\psi_3^2(\tau) - \psi_1(\tau)\dot\xi_{\text{ref}}(\tau) - \psi_2(\tau)\ddot\xi_{\text{ref}}(\tau) + k_\tau = 0 \tag{3.13}$$

darstellen lässt. Gleichung (3.13) kann für allgemeine Funktionen $\xi_{\text{ref}}(t)$ nicht geschlossen nach τ aufgelöst werden, sodass der Endzeitpunkt ggf. nur numerisch bestimmt werden kann. Da (3.13) darüber hinaus nur *notwendig* für die optimale Steuertrajektorie ist, müssen die evtl. auftretenden verschiedenen Lösungen anhand ihres Kostenfunktionals verglichen werden, um den optimalen Endzeitpunkt herauszugreifen, der die optimale Trajektorie (s. Abb. 3.5) definiert.

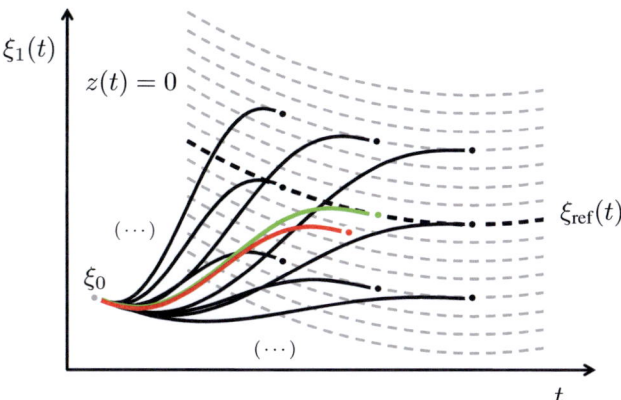

Abbildung 3.5: Berechnete Optimaltrajektorie (rot) mit Endpunkt $\xi(\tau)$ auf Zielmannigfaltigkeit (grau gestrichelt) sowie optimale (grün) und eine Auswahl suboptimaler (schwarz) Trajektorien für das durch Diskretisierung (schwarze Punkte) genäherte Problem

3.4.2 Problemlösung bei diskretisierter Zielmannigfaltigkeit

Die im vorherigen Abschnitt hergeleiteten Formeln stellen eine gute Ausgangsbasis für eine praxistaugliche Trajektorienplanung dar. Immerhin kann durch die-

se bei hindernisfreier Fahrbahn und hinreichend großem Abstand zur fahrphysi-
kalischen Grenze optimal im Sinne des gewählten Kostenfunktionals das Fahrzeug vom aktuellen Zustand auf eine (wenn auch noch sehr abstrakte) Zielmenge
überführt werden. Bei der Umsetzung der in Abschn. 3.2 beschriebenen Strategie
zur Lösung der restringierten Planung wird bei direkter Anwendung der Formeln
vor einem Problem gestanden: Wie soll bei Auftreten von Hindernissen die Optimaltrajektorie des freien Problems variiert werden, damit sämtliche Restriktionen
erfüllt sind? Da die Restriktionen eine klassische multivariable Minimumssuche
verbieten (es treten ja beispielsweise nicht nur wohlstrukturierte Leitplanken an
den Fahrbahnrändern auf, sondern auch Fahrzeuge unterschiedlicher Form und
Größe, welche die Fahrbahn auf beliebigen Trajektorien kreuzen), muss auf eine
sampling[11]-basierte Methode ausgewichen werden, welche eine fächerartige Untermenge aller möglicher Trajektorien auf Einhaltung der Restriktionen überprüft.
Hierbei gilt es zu beachten, dass durch die beschränkte Rechenleistung nur eine
bestimmte Anzahl von Trajektorien überprüft werden kann. Wird demnach in jedem Schritt der Lösungsraum sehr grob abgetastet, ist es zwar möglich, häufig neu
zu planen, die beste Trajektorie kann jedoch sehr weit vom kontinuierlichen Optimum entfernt sein (Lücken zwischen Hindernissen werden beispielsweise nicht
mehr genutzt). Sehr feine Abtastung hingegen spürt zwar jedes noch so isolierte
Minimum auf, die Planungsschritte können jedoch nicht so dicht aufeinander fol-
gen, sodass nur verzögert auf die sich ändernde Verkehrssituation reagiert werden
kann.

Unabhängig von der Gesamtzahl der Samples[12] erfordert der sparsame Umgang
auch eine bedachte Verteilungsstrategie, welche möglichst den gesamten fahrdy-
namisch sinnvollen Parameterraum gleichmäßig abdeckt. Ein einfaches Sampling
über die Polynomkoeffizienten der Trajektorie verbietet sich hierfür, da der Einfluss eines jeden Koeffizienten auf die Trajektorienform stark vom Anfangszustand
abhängt. Darüber hinaus kann nur schwer sichergestellt werden, dass hierbei die
beste Trajektorie des vorherigen Schritts im nächsten existiert, was aber notwendige Voraussetzung für die zeitliche Konsistenz ist.

Als zielführend hingegen erweist sich die deterministische[13] Diskretisierung der
Zielmannigfaltigkeit entsprechend Abb. 3.5, welche dadurch zustande kommt,
dass die Zielmannigfaltigkeit nur zu bestimmten Zeitpunkten von τ und an diskreten, zu ξ_{ref} relativen Orten $\xi_1(t)$ (schwarze oder farbige Punkte) erreicht werden darf. Das Ergebnis ist eine gleichmäßige Auffächerung über dem Trajektori-
enraum fahrtechnisch sinnvoller Manöver. Da die diskreten Endzeitpunkte nicht

---

[11]engl. für Abtastung, Probenentnahme
[12]engl. für Abtastungen, Proben
[13]Eine zufallsgesteuerte Rasterung wurde im Rahmen der Arbeit nicht ausgetestet, da für den vorliegenden echtzeitkritischen Anwendungsfall keine Vorteile zu erwarten sind.

relativ zum aktuellen Anfangszeitpunkt gewählt werden, sondern sich an der absoluten Zeit orientieren, wird sichergestellt, dass der verbleibende Teil der zuvor eingeschlagenen Trajektorie im nächsten Planungsschritt wieder verfügbar ist. Hierdurch gilt:

Satz 3 (Zeitliche Konsistenz der sampling-basierten Optimierung). *Durch die beschriebene zeitliche und örtliche Rasterung über die Zielmannigfaltigkeit bleibt die zeitliche Konsistenz der besten Trajektorie des freien kontinuierlichen Problems erhalten, wenn hinreichend weit in die Zukunft getestet wird.*

Beweis. Der beschriebene Algorithmus liefert (bei hinreichend großem Testhorizont) nichts weiter als die Lösung zum (unrestringierten) Optimalsteuerproblem mit diskretisierter Zielmannigfaltigkeit und erfüllt damit das Bellman-Prinzip. □

Bei entsprechender Anpassung der Zielmannigfaltigkeit wird für die quartischen Polynome (s. Abschn. 3.5.2) analog zeitliche Konsistenz gesichert.

Bemerkung 1. Die Wahl eines hinreichend langen Samplinghorizonts stellt in der Praxis kein Problem dar. Zum einen wird im Kostenfunktional langsames Annähern an die Referenztrajektorie bestraft, wodurch die optimale Lösung nicht in ferner Zukunft sondern zeitnah die Zielmannigfaltigkeit erreicht. Zum anderen kann die erforderliche Länge des Sampling-Horizonts mit Hilfe von (3.13) abgeschätzt werden.

Bemerkung 2. Da die letzte Komponente von (3.12)

$$c_5 = -[12[\xi_1(0) - \xi_{\text{ref}}(\tau)] + 6\tau[\xi_2(0) + \dot{\xi}_{\text{ref}}(\tau)]$$
$$+ \tau^2[\xi_3(0) - \ddot{\xi}_{\text{ref}}(\tau)]]\frac{k_{\xi_1}}{1440 + 2\tau^5 k_{\xi_1}},$$

eingesetzt in (3.11) für den einfachen Sonderfall $\xi_2(0) = \xi_3(0) = \dot{\xi}_{\text{ref}}(\tau) = \ddot{\xi}_{\text{ref}}(\tau) = 0$ den Zusammenhang

$$[\xi_1(\tau) - \xi_{\text{ref}}(\tau)] = \frac{1}{1 + \frac{1}{720}\tau^5 k_{\xi_1}}[\xi_1(0) + \xi_{\text{ref}}(0)] \qquad (3.14)$$

liefert, stellt sich offensichtlich ein vom Wichtungsfaktor k_{ξ_1} abhängiger, zum Anfangsabstand proportionaler Endabstand zwischen Optimaltrajektorie und Referenztrajektorie ein. Bei Wahl der Samplingabstände zur Referenztrajektorie der Zielmannigfaltigkeit und der Kostenparameter muss mit Hilfe von (3.14) darauf geachtet werden, dass die optimale Trajektorie auf der Referenztrajektorie „einrastet", da sich sonst u. U. das Fahrzeug immer parallel zu dieser bewegt.

Bemerkung 3. Die Suboptimalität der durch das Sampling bestimmten Optimaltrajektorie bzgl. der kontinuierlichen Lösung ist in der Praxis vollkommen vernachlässigbar, da das zu minimierende Kostenfunktional, wie eingangs beschrieben, nur ein Hilfskonstrukt zur Sicherung der zeitlichen Konsistenz ist. Lediglich das sensorrauschbedingte Springen zwischen den einzelnen Diskretisierungsstufen kann sich bei reaktiven Ausweichmanövern bei zu grob gewählten Stufenabständen als störend erweisen.

Damit ist die Berechnung der optimalen Trajektorie für $\xi_1(t)$ abgeschlossen. Zur konkreten Generierung von Längs- und Querbewegungen $s(t)$ und $d(t)$ reicht es in den folgenden Abschnitten aus, die Referenztrajektorie $\xi_{\mathrm{ref}}(t)$ problemorientiert zu wählen und in die vorhergehend abgeleiteten Formeln zur Bewegungsgenerierung einzusetzen.

3.5 Umsetzung der Optimalsteuerungsstrategie für verschiedene Betriebsmodi

Zur Beherrschung der auf öffentlichen Straßen auftretenden Verkehrssituationen werden im Folgenden verschiedene Längs- und Querbewegungsstrategien umgesetzt. Hierzu muss die im vorhergehenden Abschnitt beschriebene Generierungsmethode mit geeignet gewählten Referenztrajektorien und Kostenfunktionalen durchgeführt werden, welche das Idealverhalten in den verschiedenen Betriebsmodi (Spurhalten, Spurwechsel, Folgefahren, Anhalten etc.) beschreiben und das Fahrzeug bei freier Bahn in die von der Verhaltensebene angestrebte Richtung leiten. Damit kann durch Überlagerung von Längs- und Querstrategie ein großer Satz von Trajektorien in den Weltkoordinaten berechnet, und daraus in jedem Schritt die gesamtkostengünstigste, restriktionseinhaltende Trajektorie bestimmt werden.

3.5.1 Umsetzung von lateralen Vorgaben

Die Wahl einer geeigneten Querreferenztrajektorie $d_{\mathrm{ref}}(t)$ gestaltet sich in den meisten Fällen einfach, da genau der Referenzkurve mit $d_{\mathrm{ref}} = 0$ gefolgt werden soll. Ein typischer Übergangsverlauf ist hierfür in Abb. 3.6 dargestellt, bei dem aufgrund nicht vorhandener Hindernisse in jedem Schritt der besten Trajektorie gefolgt werden kann, und diese aufgrund des Bellman-Prinzips mit der (restlichen) Trajektorie der vorherigen Berechnung übereinstimmt.
Indem die Referenzkurve auf die Fahrbahnmitte der angepeilten Nebenspur gelegt wird, können in identischer Weise Spurwechsel realisiert werden. Kündigt sich

hingegen bereits eine Gefahrenquelle voraus am Straßenrand an, so kann es sinnvoll sein, den Algorithmus frühzeitig durch einen Referenzversatz $d_{ref} \neq 0$ zum Abstandhalten zu bewegen.

Je langsamer das Fahrzeug fährt, desto stärker kommt jedoch dessen Nichtholonomie zum Tragen, sodass unterhalb einer bestimmten Geschwindigkeit die Quer- und Längstrajektorien nicht mehr unabhängig von einander gewählt werden können, da ansonsten der Großteil der Trajektorien die Kurvenradiusbeschränkung (s. Abschn. 3.5.4) des Fahrzeugs nicht einhält. Um das zu vermeiden, kann dann die Querbewegung $d(t) = d(s(t))$ in Abhängigkeit von der Längsbewegung $s(t)$ berechnet werden, sodass sichergestellt wird, dass sich eine Querbewegung nur bei Längsfahrt ergibt. Bei Analyse des Krümmungsverlaufs, der sich beim Einsatz von quintischen Polynomen für $d(s)$ (diesmal eben nicht über der Zeit, sondern über der zurückgelegten Fußpunktstrecke) ergibt, zeigt sich, dass bei Winkeln zwischen Fahrzeug und Fahrbahn, die kleiner als $\frac{\pi}{4}$ sind, nach wie vor sehr „natürliche" Lenkbewegungen auftreten. Da ein Ein- und Ausparken, welches größere Differenzwinkel erfordert, nicht im Mittelpunkt der Arbeit stehen, eignet sich ein quintisches Polynom hierdurch auch hervorragend für die Trajektoriengenerierung $d(s)$, wenn auch die (bei langsamer Fahrt ohnehin nicht realisierbare) Geschwindigkeitsvarianz (s. Abschn. 3.6) verloren geht. Um die zeitliche Konsistenz zu wahren, müssen in den vorangegangenen Herleitungen und Endformeln lediglich (nur für die Querbewegung) die Punktgrößen $()$ durch Strichgrößen $()' = \frac{\partial}{\partial s}$ und in die Endkosten $k_\tau \tau$ durch $k_s[s(\tau) - s(0)]$ ersetzt sowie das Kostenintegral über der zurückgelegten Wegstrecke anstelle der Zeit gebildet werden.

3.5.2 Umsetzung von longitudinalen Vorgaben

Die zuvor berechnete Querbewegung muss nun noch mit einer geeigneten Längsbewegung kombiniert werden. In vielen, oftmals verkehrsbeengten Fahrsituationen erfordert dabei eine weitsichtige Fahrweise das Einnehmen eines konkreten Platzes im Verkehrsraum, da ein zu dichtes Auffahren auf den Vordermann oder ein unpräzises Anhalten an Kreuzungen den restlichen Verkehr gefährdet. Im Unterschied zur Quertrajektoriengenerierung ist das Verfolgen einer zeitveränderlichen Längsreferenz $s_{ref}(t)$ (Abb. 3.7) in solchen Situationen demnach unabdingbar.

Für das Folgefahren muss die Referenzbewegung entsprechend der Straßenverkehrsordnung gewählt werden. Wie bereits bei der bahnbasierten Abstandsregelung [104] eignet sich hierfür ein geschwindigkeitsabhängiger Abstand zum Vordermann [49] (mit Längsposition $s_v(t)$ und Geschwindigkeit $\dot{s}_v(t)$) entsprechend

$$s_{ref}(t) = s_v(t) - [k_0 + k_v \, \dot{s}_v(t)]$$

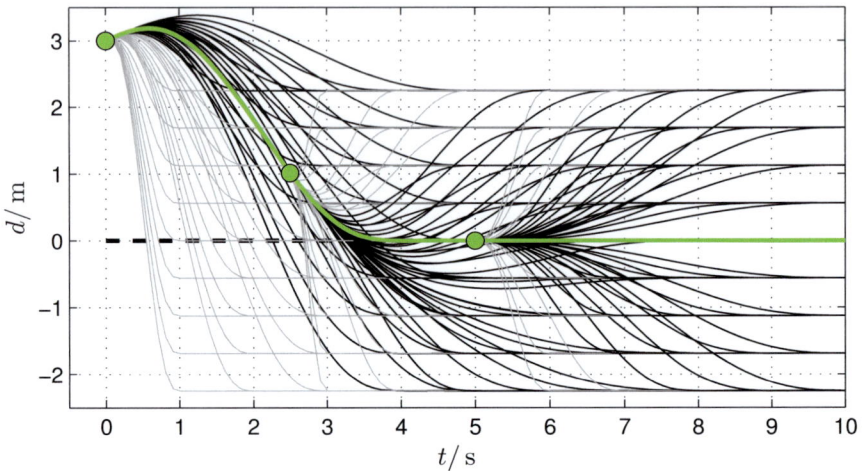

Abbildung 3.6: Simulation eines optimalen Rückkehrmanövers zur Straßenmitte (gestrichelte Linie) mit zyklischer Planung; grün die optimalen, schwarz und grau die gültigen und ungültigen alternativen Trajektorien des berechneten Sets

mit für den Straßenverkehr typischen Parametern k_0 und k_v. Wie auch im Anschluss gilt hierbei zu beachten, dass es sich bei $s_{\mathrm{ref}}(t)$ für $t > 0$ um eine sich ständig ändernde Prädiktion handelt. Unter der Annahme $\dddot{s}_v(t) \equiv \ddot{s}_v(0) = \text{const.}$ kann jedoch die Bewegung des Vordermanns anhand der aktuellen Messinformation $s_v(0), \dot{s}_v(0)$ und $\ddot{s}_v(0)$ mit

$$\dot{s}_v(t) = \dot{s}_v(0) + \ddot{s}_v(0)t$$
$$s_v(t) = s_v(0) + \dot{s}_v(0)t + \frac{1}{2}\ddot{s}_v(0)t^2,$$

vorausgesagt und für die Berechnung des Trajektoriensatzes erforderlichen Ableitungen $\dot{s}_{\mathrm{ref}}(t) = \dot{s}_v(t) - a_v\ddot{s}_v(t)$ und $\ddot{s}_{\mathrm{ref}}(t) = \ddot{s}_v(0)$ in Tab. 3.1 eingesetzt werden. Bei der Längspositionierung zum Einfädeln auf eine Nebenspur darf analog verfahren werden. Die Idealposition auf Höhe der Lückenmitte wird hierbei durch die Trajektorien $s_a(t)$ und $s_b(t)$ der Fahrzeuge vor und hinter der Lücke durch

$$s_{\mathrm{ref}}(t) = \frac{1}{2}[s_a(t) + s_b(t)] \tag{3.15}$$

beschrieben.

Das Anhalten an einem Stoppschild oder einer roten Ampel an der Stelle $s_{\mathrm{ref}} = \text{const.}$ wiederum reduziert die Referenztrajektorie auf $\dot{s}_{\mathrm{ref}}(t) \equiv \ddot{s}_{\mathrm{ref}}(t) \equiv 0$.

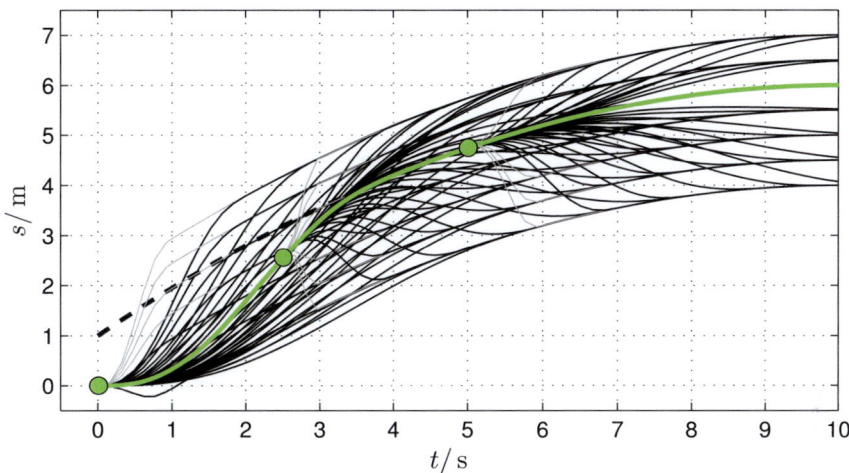

Abbildung 3.7: Simulation einer optimalen Verfolgung einer zeitveränderlichen Längsreferenz (gestrichelte Linie) mit zyklischer Planung; grün die optimalen, schwarz und grau die gültigen und ungültigen alternativen Trajektorien

In vielen Fahrsituationen, wie der freien Autobahnfahrt, besteht im Gegensatz dazu die Aufgabe der Trajektorienplanung nicht darin, das Fahrzeug möglichst nahe an eine konkrete Zielposition zu leiten, sondern dieses auf eine Richtgeschwindigkeit $\dot{s}_{\mathrm{ref}} =$ const. entlang der Fahrbahn zu bringen. Entsprechend Satz 2 reicht es jedoch hierfür aus, zu quintischen Polynomen für $s(t)$ zu wechseln, die Zielmannigfaltigkeit entlang der Sollgeschwindigkeit (Abb. 3.8) vorzugeben sowie die Endkosten anzupassen. Letztere sind (in Verbindung mit den anderen Vorschriften zur Polynomkoeffizienten- und Endkostenberechnung) der Übersichtstabelle 3.1 zu entnehmen.

3.5.3 Rücktransformation in Weltkoordinaten

Die Rücktransformation von den straßenrelativen Koordinaten $[d(t), s(t)]$ in die Weltkoordinaten $[x_1(t), x_2(t)]$ (s. Abb. 3.9) ist aus mehreren Gründen erforderlich: Zum einen ermöglichen nur letztere Koordinaten, die Trajektorien auf Überschreitung fahrphysikalischer Grenzen zu überprüfen. Zum anderen können geometrische Überschneidungen der eigenen Fahrzeuggeometrie mit anderen

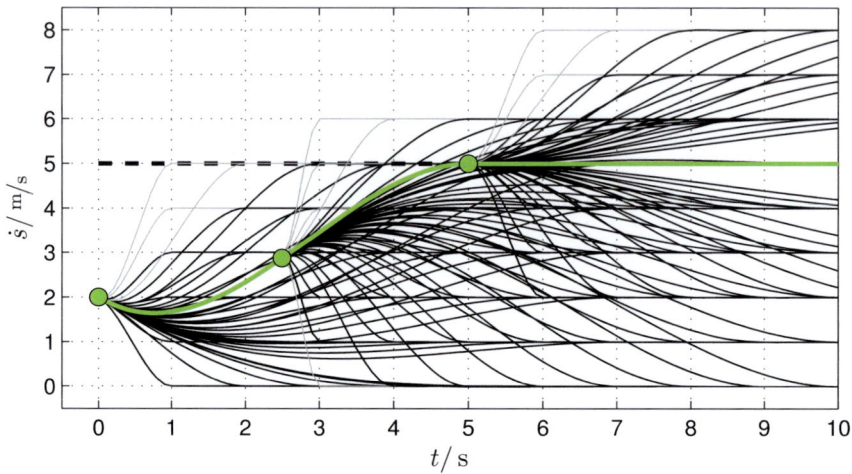

Abbildung 3.8: Simulation eines optimalen Geschwindigkeitswechsels auf $\dot{s}_{\mathrm{ref}} = 5.0\,\mathrm{m/s}$ (gestrichelte Linie) mit zyklischer Planung; grün die optimalen, schwarz und grau die gültigen und ungültigen alternativen Trajektorien

	Sampling	Koeffizienten	Endkosten
$d(t)$	$\delta_i \times \tau_j$	$\boldsymbol{q}_{345}(d_{\mathrm{ref}} + \delta_i, 0, 0, \tau_j)$	$k_\tau \tau_j + \frac{1}{2} k_\delta \delta_i^2$
$s(t)$	$\sigma_i \times \tau_j$	$\boldsymbol{q}_{345}([s_{\mathrm{ref}}(\tau_j) + \sigma_i], \dot{s}_{\mathrm{ref}}(\tau_j), \ddot{s}_{\mathrm{ref}}(\tau_j), \tau_j)$	$k_\tau \tau_j + \frac{1}{2} k_\sigma \sigma_i^2$
$\dot{s}(t)$	$\nu_i \times \tau_j$	$\boldsymbol{q}_{34}(\dot{s}_{\mathrm{ref}} + \nu_i, 0, \tau_j)$	$k_\tau \tau_j + \frac{1}{2} k_\nu \nu_i^2$

Tabelle 3.1: Zusammenstellung der wichtigsten Berechnungsvorschriften aller Betriebsmodi: Die gleichmäßige Auffächerung eines jeden Trajektoriensatzes wird durch Sampling über die Endzeitpunkte τ_j der Zielmannigfaltigkeiten sowie der Endabstände δ_i, σ_i bzw. ν_i relativ zur Referenztrajektorie $d_{\mathrm{ref}}(t)$ bzw. $s_{\mathrm{ref}}(t)$ erreicht. Die Wichtungsfaktoren k_δ, k_σ und k_ν sind in Simulationen zu bestimmen.

Verkehrsteilnehmer- und Hindernisumrissen direkt untersucht werden, was eine aufwendige, punktweise Hindernistransformation in die Frenet-Koordinaten vermeidet. Schließlich ist die zu fahrende Solltrajektorie dem Low-level-Regler nur in diesen Koordinaten verständlich (s. Kap. 4).

Aufgrund des einfachen Zusammenhangs (3.1) stellt die Rücktransformation der Trajektorie selbst kein Problem dar. Die in der praktischen Anwendung durch interpolierte Punkte (zur universellen Darstellung) repräsentierte Referenzkurve $r(s)$ verbietet jedoch die Bestimmung höherwertiger Trajektorieninformation (Orientierung θ, Krümmung κ, Längsgeschwindigkeit v und -beschleunigung a) mittels numerischer Differentiation, da sich dabei kleinste Fehler in jedem Ableitungsschritt verstärken. Abhilfe schafft die geschlossene Berechnung der Rücktransformation $[s, \dot{s}, \ddot{s}; d, \dot{d}, \ddot{d}](t) \mapsto [x_1, x_2, \theta, \kappa, v, a](t)$ in Anh. A.1.

Abbildung 3.9: Visualisierung eines sich durch Überlagerung von Längs- und Querbewegung ergebenden Trajektoriensatzes in Weltkoordinaten: Die Farbcodierung stellt auf einem Horizont von 3.0 s die von gelb nach rot ansteigenden Kosten dar. Des Weiteren werden alle Trajektorien in schwarz auf einem Horizont von 6.0 s verlängert. Die beste Trajektorie, welche das Fahrzeug optimal im Sinne des Gütefunktionals zurück auf die Referenzkurve und (hier) Sollgeschwindigkeit bringt, ist in Grün, später in Weiß, gegeben.

Bemerkung 4. Um Stetigkeit der Trajektorienbeschleunigung und -krümmung zu gewährleisten, muss aufgrund von (A.5) und (A.6) die Referenzkurve $r(s)$ selbst stetige Krümmungsänderungen $\kappa'_r(s)$ aufweisen.

3.5.4   Schnelle Restriktionsüberprüfung

Während die Einhaltung der kinematischen (maximal zulässige Krümmung) und dynamischen Restriktionen (z. B. *Kammscher Kreis*, [55],[89]) sehr schnell mit Hilfe der im vorherigen Abschnitt hergeleiteten Zusammenhänge punktweise, mit hinreichend kleinem Abstand, überprüft werden kann, gestaltet sich der statische und vor allem der dynamische Kollisionstest aufwendig. Schließlich müssen im schlimmsten Fall *alle* Trajektorien zu *jedem* Zeitpunkt im Betrachtungshorizont auf Kollisionsfreiheit mit *allen* statischen und dynamischen Hindernissen überprüft werden. Eine effektive Strategie ist hierbei unumgänglich.

Da bei schnellerer Fahrt (aufgrund des fehlenden flachen Ausgangs, s. Kap. 4.1.2, für das dem Reglerentwurf zugrundegelegte Fahrzeugmodell) die Berechnung von

Zustandstrajektorien (mittels Simulation der Nulldynamik, s. Kap. 4.3.3.4) für einen kompletten Trajektoriensatz bei weitem zu aufwendig ist[14], wird für den Kollisionstest einfach der Schwimmwinkel im Referenzpunkt zu Null gesetzt, sodass die Fahrzeuggeometrie an der Referenzpunkttrajektorie ausgerichtet wird. Um den damit verbundenen Approximationsfehler an den weit entlegenen Fahrzeugecken zu minimieren, wird als Referenz der Schwerpunkt gewählt, da dieser nahe der geometrischen Fahrzeugmitte ist und weitere regelungstechnische Vorteile (s. Abschn. 4.3.3.4) bietet.

Bei langsamer Fahrt hingegen repräsentieren die Trajektorien die Bewegung des Hinterachsmittelpunkts, da durch die direkt auf die Fahrzeugausrichtung geschlossen werden kann (s. Abschn. 4.1.2).

Ist die Fahrzeugorientierung damit bestimmt, kann der eigentliche Kollisionstest mit Hilfe der in [93] beschriebenen approximativen Kollisionsüberprüfung realisiert werden, bei der die Fahrzeuggeometrien mit Hilfe von Kreisen genähert werden. In Verbindung mit statischen, unstrukturierten Hindernissen wird hierbei die Rotationsinvarianz und in Verbindung mit dynamischen, strukturierten Hindernissen die schnelle Überlappungsüberprüfung von Kreisen ausgenutzt.

Wichtig hierbei ist die Wahl eines für alle Trajektorien einheitlichen Zeithorizonts, auf dem die Kollisionsüberprüfung durchgeführt wird. Das kann nur dadurch erreicht werden, dass „zu lange" Polynomtrajektorien entweder vor Erreichen der Zielmannigfaltigkeit „abgeschnitten" und „zu kurze" unter Weiterführung der Trajektorie auf der Zielmannigfaltigkeit angeglichen werden (s. Abb. 3.9).

Neben den offensichtlichen Nachteilen eines zu kurzen Horizonts verbietet sich aber auch ein zu langer. Über eine Zunahme der Prädiktionsunsicherheit und des Rechenaufwands hinaus (s. Abschn. 3.1) macht sich vor allem die Bewegungseinschränkung der verwendeten Funktionsklasse (quintischer bzw. quartische Polynome) bemerkbar. Genau so wenig, wie mit einer langen Leiter enge, labyrinthartige Gänge passierbar sind, können hindernisreiche Verkehrssituationen bei zu großer (zeitlicher) Vorausschau (für die der Algorithmus auch nicht entworfen wurde) bewältigt werden, da die Einschränkung der Trajektorien auf doppelte Kursänderungen das nicht zulässt.

Während des realen Fahrversuchs tritt jedoch durch das Messrauschen und den angesetzten „harten" Kollisionsrestriktionen eine weitere Schwierigkeit auf: Da sich während Ausweichmanövern die Optimaltrajektorie gerade so weit vom Optimum der freien Straße entfernt, wie zur Einhaltung der Sicherheitsabstände erforderlich, tritt gelegentlich der Fall ein, dass aufgrund von Messschwankungen ein im vorherigen Schritt noch genügend weit entferntes Hindernis im nächsten

---

[14]Im Gegenzug dazu existieren weniger rechenintensivere Planungsansätze wie [47], welche die Fahrzeugdynamik bei einem vorverlagerten Referenzpunkt in der Planung berücksichtigen können.

plötzlich den Sicherheitsabstand nicht mehr einhält und damit *alle* Trajektorien auf einen Schlag die Restriktionen verletzen. Da sich eine kurzzeitige Aufhebung der problematischen Restriktion verbietet (die Restriktion „drückt" ja die zulässige Optimaltrajektorie vom freien Optimum weg, sodass deren Aufhebung innerhalb kürzester Zeit zu einer Kollision führt), muss eine (ebenso einfache wie effektive) Modifikation der Kollisionsrestriktion durchgeführt werden: Der erforderliche Sicherheitsabstand wird in jedem Generierungsschritt (während der Prädiktion entlang einer jeden Trajektorie) nicht sofort zum Fahrzeugumriss hinzuaddiert, sondern erst über einen Zeithorizont Δt hinweg entsprechend Abb. 3.10 aufgebaut. Die längerfristige Planung ($> \Delta t$) bleibt davon unberührt, sodass das Fahrzeug von den Hindernissen genügend Abstand hält und nur in unmittelbarer Nähe tiefpassartig auf Positionsschwankungen der Hindernisse reagiert. Bei der auf das Messrauschen (experimentell) abgestimmten Parametrierung muss beachtet werden, dass ein zu kleines Δt einem schreckhaften Fahrzeugführer entspricht, der zur schnellen Einhaltung des Sicherheitsabstands große Lenk- und Pedalbewegungen in Kauf nimmt, während ein zu großes Δt zu einem trägen und damit gefährlichen Einregeln des Sicherheitsabstands führt.

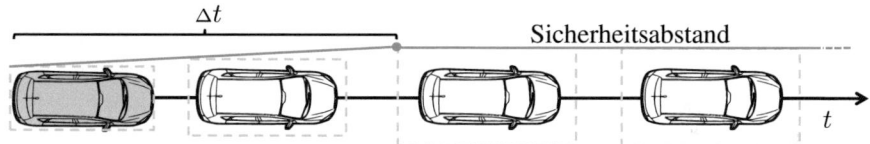

Abbildung 3.10: Linearer Anstieg des geforderten Sicherheitsabstands auf vollen Umfang innerhalb Δt zur robusten Handhabung von Messunsicherheiten bei der prädiktiven Kollisionsüberprüfung

3.5.5 Gesamtübersicht des Algorithmus

Aufgrund der Vielschichtigkeit des vorgestellten Algorithmus werden in diesem Abschnitt die einzelnen Berechnungsschritte der Reihe nach aufgeführt und weiter erläutert. Eingangsdaten eines jeden Berechnungszyklus sind hierbei die Referenzkurve Γ wie auch die zur Beschreibung der Zielmannigfaltigkeit jedes aktiven Betriebsmodus erforderlichen Parameter wie Sollgeschwindigkeit, aktuelle Position des Vordermanns etc. Neben den statischen Hindernissen müssen allerdings zusätzlich noch die Prädiktion (im Idealfall die wahrscheinlichste Trajektorie, s. auch Abschn. 6) jedes dynamischen Hindernises verfügbar sein.

1. **Bestimmung des Trajektorienanfangszustands** $[x_1, x_2, \theta, \kappa, v, a](0)$
   Der Trajektorienanfangszustand wird bei aktiver Low-level-Stabilisierung
   (s. Kap. 2) durch Auswertung der vorherig berechneten Trajektorie zum zukünftigen Startzeitpunkt (unter konservativer Abschätzung der benötigten
   Rechenzeit) erhalten. Beim Systemstart aber auch bei der schwellwertbasierten Reinitialisierung zur High-level-Stabilisierung wird hingegen die aktuelle Fahrzeugtrajektorie entsprechend Abschn. 4.5.2 prädiziert.

2. **Wahl des Quermodus und Projektion**
   Abhängig von der Anfangsgeschwindigkeit v wird der zeitbasierte $(d(t))$
   oder der bogenlängenbasierte Quermodus $(d(s))$ aktiviert. Mittels Projektion auf die Referenzkurve Γ (s. Anh. A.2) wird dann die Fußpunktposition
   $s(0)$ bestimmt. Unter Anwendung von (A.1)-(A.6) kann $[s, \dot{s}, \ddot{s}, d, d', d''](0)$
   erhalten werden. Über (A.7),(A.8) ist ggf. für den zeitbasierten Quermodus
   $[\dot{d}, \ddot{d}](0)$ zu berechnen.

3. **Generierung der Quer- und Längstrajektoriensätze**
   Gemäß der Abschn. 3.5.1 und 3.5.2 werden sowohl für die Querbewegung (hier modusabhängig) als auch die Bewegungen der Längsmodi (z. B.
   Abstand- oder *Geschwindigkeithalten*) entsprechend der jeweiligen Zielmannigfaltigkeit die Trajektoriensätze einschließlich der Kosten berechnet
   (s. Tab. 3.1). Bereits in dieser Phase können Quer- und Längstrajektorien mit
   übermäßig hohen (zur Straße relativen) Beschleunigungen (graue Trajektorien in den Abb. 3.6, 3.7 und 3.8) zur Rechenaufwandsreduktion aussortiert
   werden. Die Integralauswertung von (3.4) erfolgt zur Rechenzeitbeschleu-
   nigung in geschlossener Form.

4. **Kombination der Quer- und Längstrajektorien**
   Unter Summation der Teilkosten mit (3.2) zu den Gesamtkosten wird für
   alle aktiven Längsmodi jede Längstrajektorie des Satzes mit jeder Trajektorie des Quersatzes kombiniert und unter Zuhilfenahme der Referenzkurve
   Γ mit (3.1) in die Weltkoordinaten rücktransformiert. Durch anschließende punktweise Auswertung der Krümmungen und Beschleunigungen mittels der Formeln in Anh. A.1 werden die Trajektorien auf Verletzungen der
   Fahrphysikrestriktionen überprüft. Als Ergebnis wird ein großer Trajektoriensatz aller potentieller Manöver zur Umsetzung des jeweiligen Modus in
   den Weltkoordinaten erhalten.

5. **Statische und dynamische Kollisionsüberprüfung**
   Ein jeder Trajektoriensatz wird nach aufsteigenden Gesamtkosten auf statische und dynamische Kollisionsfreiheit entsprechend Abschn. 3.5.4 überprüft und die erste (demnach beste) kollisionsfreie Trajektorie herausgegriffen.

6. **Ablösestrategie der verschiedenen Längsmodi**
   Anhand des anfänglichen, vorzeichenbehafteten Rucks $\dot{a}(0)$ (die niedrigeren Ableitung sind aufgrund der Stetigkeitsanforderungen bei allen Trajektorien gleich) wird die am stärksten verzögernde bzw. am wenigsten beschleunigende Trajektorie ermittelt und schließlich an die Low-level-Stabilisierung übermittelt.

Die im letzten Schritt angewandte sog. Ablösestrategie hat sich bereits bei der bahnbasierten Regelung [104] bewährt, da damit sichergestellt wird, dass sich die konservativste Längsstrategie durchsetzt, ohne dass die Stellgröße Stöße auf die Strecke ausübt. Sie stellt den eigentlichen Selektionsmechanismus bei der Wahl des aktuellen Längsmodus dar.

3.6 Diskussion weiterer Besonderheiten

Der vorgestellte Algorithmus kann als *halb-reaktive*[15] Schicht bezeichnet werden. Schließlich findet nur die Restriktionsüberprüfung auf einem kurzen Zeitintervall statt; die optimale Trajektorie selbst ist auf einem (theoretisch) unendlich langen Horizont gültig, da sie sich nach Erreichen von τ einfach auf der Zielmannigfaltigkeit fortsetzt. Damit können auch Langzeitziele, wie beispielsweise Spurwechsel über mehrere Sekunden oder Anhaltevorgänge aus voller Fahrt problemlos realisiert werden.

Zu jeder Zeit ist hierbei die Aufgabe der Verhaltensebene, dass die reaktive Schicht *so selten wie möglich* eine Kollision vermeiden muss. Die längste Zeit sollten die der Trajektorienplanung übermittelten Sollvorgaben mittels einfacher aber effektiver Heuristiken so gewählt werden, dass kritische Situationen erst gar nicht auftreten. Ein Beispiel stellt das Abstandshalten beim Folgefahren dar, ohne das auch ein menschlicher Fahrer schnell zu reaktiven Manövern wie Vollbremsungen gezwungen wird. In gleicher Weise sind für die Verhaltensgenerierung Heuristiken für den kontrollierten Spurwechsel (vgl. [32]) zu entwickeln, welche in den

---

[15]In Kontrollarchitekturen der Robotik wird eine reaktionsschnelle Softwarekomponente mit beschränktem Planungshorizont als „reaktive Schicht" bezeichnet.

modellierten Standardsituationen konservativ den verfügbaren Verkehrsraum abschätzen. In diesem Sinne erweist sich möglicherweise auch der vorliegende Algorithmus bei konservativer Parametrisierung (größere Sicherheitsabstände, längerer Kollisionsüberprüfungshorizont) als Gefahrenindikator eines anstehenden Manövers: Bei hohen Trajektorienkosten sollte beispielsweise auf ein Spurwechsel im nächsten Schritt verzichtet werden.

Abschließend sei auf die Geschwindigkeitsinvarianz des Verfahrens hingewiesen. Da die Querbewegung (mit Ausnahme bei langsamer Fahrt) wie auch die Längsbeschleunigung unabhängig von der aktuellen Geschwindigkeit berechnet wird, benötigt beispielsweise ein Spurwechsel oder eine Geschwindigkeitserhöhung bei $10\,\mathrm{m/s}$ die gleiche Zeit wie bei $30\,\mathrm{m/s}$. Eine geschwindigkeitsabhängige Parameteranpassung ist demnach nicht erforderlich und reduziert damit ganz erheblich den experimentellen Aufwand.

3.7 Zusammenfassung

Im vorliegenden Kapitel wird ein neues Verfahren zur Echtzeitgenerierung halbreaktiver Fahrmanöver für Straßenszenarien vorgestellt. Im Unterschied zu bestehenden Verfahren liefert das Planungskonzept erstmalig (auch) für höhere Geschwindigkeiten eine reaktive Schicht zur zeitkritischen Kollisionsvermeidung, die unvorhergesehene, gefährliche Situationen durch den kombinierten Einsatz von Lenkrad, Gas und Bremse behandelt.

Der auf der Optimalsteuerungstheorie basierende Algorithmus nutzt hierfür die schnelle Berechenbarkeit geschlossener Lösungsformeln, welche erst durch die geschickte Ausnutzung eines fahrbahnrelativen Koordinatensystems in Kombination mit geeigneten Kostenfunktionalen ermöglicht werden. Darüber hinaus kann unter Ausnutzung des Bellman-Prinzips bei der Umsetzung von Langzeitzielen, wie Spurwechsel oder Anhalten, *Stabilität* (des über der Zeit iterativen Generierungsprozesses) gewährleistet werden.

Der für verschiedene Situationen intuitiv parametrisierbare Algorithmus ist mit vertretbarem Aufwand in bestehende Gesamtsysteme integrierbar, da sich die Schnittstelle zur Verhaltensebene, mit Ausnahme der erforderlichen Bewegungsprädiktion der anderen Verkehrsteilnehmer, nicht von herkömmlichen, bahnbasierten Lösungen unterscheidet.

Der ausstehende Nachweis der angestrebten Zuverlässigkeit des Verfahrens gerade in kritischen Situationen wird in Form von Kap. 5 erbracht.

KAPITEL 4

Nichtlineare, asymptotische Trajektorienstabilisierung

Zur Umsetzung der im vorhergehenden Kapitel berechneten optimalen Trajektorie wird in diesem eine abgestimmte Low level-Regelungsstrategie zur Stabilisierung gegen permanente Modellfehler und Störungen vorgestellt, welche sich aus drei neuartigen Trackingreglern für die unterschiedlichen Geschwindigkeitsbereiche zusammensetzt. Hierzu werden nach genauer Analyse bewährter Regelungsstrategien bestehende Fahrzeugmodelle für die neuen Anforderungen des autonomen Fahrens modifiziert. Auf Basis der Lyapunov-Stabilität [43] und der exakten E/A-Linearisierung [40] werden darauf aufbauend die komplementären Regelungsgesetze hergeleitet.

Zur Detektion von Impulsstörungen wird zusätzlich ein geeignetes Regelfehlermaß eingeführt, sodass bei drohender Überschreitung die High-level-Rückführung eingreifen kann, wofür wiederum eine schnelle Prädiktion des zukünftigen Fahrzustands anhand aktueller Messgrößen erforderlich ist.

Große Teile der folgenden Reglerentwürfe wurden im Rahmen der Arbeit bereits in [105] veröffentlicht.

4.1 Analyse bestehender Regelungsstrategien

Da die High-level-Regelung nichts weiter als ein Prinzip darstellt, welches bei der Trajektoriengenerierung durch Neuplanung vom aktuellen Fahrzustand umgesetzt wird, bedarf sie keiner weiteren Analyse. Somit konzentrieren sich die folgenden Abschnitte auf die Modell- und Entwurfsverfahrenswahl der Tracking-Algorithmen zur Low-level-Stabilisierung. Hierbei gilt zu beachten, dass zwar in vielen Veröffentlichungen die „Trajektorie" synonym für „Bahn" verwendet wird, jedoch dem Autor der vorliegenden Arbeit keine Beiträge zum Trajektorientracking nach Def. 2.1 für reale Straßenfahrzeuge bekannt sind[1]. Dennoch stellen erfolgreich umgesetzte Regelungsstrategien, insbesondere aus dem Bereich der Bahnstabilisierung nach Def. 2.3, einen guten Ansatzpunkt für das straßenfahrzeugtaugliche Trajektorientracking dar.

4.1.1 Bestimmung passender Fahrzeugmodelle und Systemeingänge

Beim modellbasierten Reglerentwurf, und nur ein solcher ist für den sicherheitsrelevanten Stabilitätsnachweis des rückgekoppelten Gesamtsystems geeignet, gilt es, grundsätzlich den Kompromiss zwischen Modellgenauigkeit und Komplexität des Reglerentwurfs zu finden. Bildet das Entwurfsmodell die Realität sehr genau nach, so ist ein Reglerentwurf aufgrund des großen Systemumfangs, fehlender Messinformation und großer Parameteranzahl zum Scheitern verurteilt. Genauso wenig zielführend ist der Reglerentwurf auf einem zu stark vereinfachten Streckenmodell, welches signifikante Dynamiken unterschlägt und dadurch zu geringer Regelgüte bis hin zur Instabilität des geschlossenen Regelkreises führt.

Einen guten Mittelweg gehen kaskadierte Regelungssysteme [28], welche durch systemeingangsnahe, experimentell eingestellte Rückführungen, sog. unterlagerte Regelkreise, den Entwurf des übergelagerten Reglers stark vereinfachen. So ist es bei Einsatz einer schnellen Bremsdruck- und Motormomentenregelung möglich, im Entwurfsmodell des Trajektorientrackingreglers (bei zusätzlicher Vernachlässigung der Trägheitsmomente des Antriebsstrangs, s. Abschn. 5.1.2) die Antriebskräfte der Reifen als Systemeingang zu betrachten[2]. Im Falle der Lenkung zeigen jedoch Fahrversuche, dass die Reglerverstärkung zur Vernachlässigung der kompletten Lenkdynamik nicht ausreichend hoch gewählt werden kann, da messrauschbedingtes Lenkrattern die Insassen stört und die Mechanik dauerhaft schädigt. Allerdings braucht nicht auf eine schnelle unterlagerte Lenkgeschwindigkeitsregelung verzichtet werden, sodass im Trackingreglerentwurf die Lenkwinkelrate, und nicht etwa die Motorspannung des Lenkaktors, als weiterer Systemeingang zugrunde gelegt werden kann[3].

---

[1]Eine in diese Richtung gehende Arbeit stellt [53] dar, die sich allerdings auf die isolierte Fahrzeuglängsbewegung beschränkt.

[2]Im Bereich der Robotik kann bei Einsatz von Elektromotoren mit schnellen unterlagerten Regelkreisen sogar die Bewegungsgeschwindigkeit des Roboters als Systemeingang betrachtet werden. Bei der Fahrzeuganwendung jedoch ist die Längsdynamik durch den Verbrennungsmotor stark eingeschränkt, sodass Zeitkonstanten von $T < 1s$ für eine unterlagerte Geschwindigkeitsregelung, bedingt durch Latenzen und nicht beeinflussbare Verzögerungen, erfahrungsgemäß nicht realisierbar sind und die damit verbundene Dynamik im Modell des überlagerten Reglers nicht vernachlässigt werden darf.

[3]Das Herangehen darf nicht mit der strategischen Integratorerweiterung verwechselt werden, mit der eine eingangsaffine Regelungsstrecke erhalten wird.

Die verbleibende und somit für den Trackingreglerentwurf der vorliegenden Anwendung maßgebliche Modelldynamik kann durch die Bewegungsgleichungen
des sog. *dynamischen Einspurmodells* (DESM) beschrieben werden [24], welche
von den Reifenkräften dominiert werden (s. auch Abschn. 4.3.1). Die Reifenkräfte
wiederum können aus beliebigen Reifenmodellen resultieren [24], [41], [61] solange die Fahrzeuggesamtdynamik zum Zwecke der Regelung hinreichend genau
beschrieben wird. Das Modell [61] findet in dieser Arbeit Anwendung.
Bei langsamer Fahrt erschwert allerdings die Singularität bei Geschwindigkeit
$v = 0$ den Reglerentwurf, sodass auf ein Ersatzmodell, das sog. *kinematische
Einspurmodell* (KESM), ausgewichen werden muss [41], [104]. Es beruht auf
der Tatsache, dass bei langsamer Fahrt die Schräglaufwinkel an den Reifen aufgrund der geringen Querbeschleunigungskräfte vernachlässigbar sind, sodass sich
das Fahrzeug, in guter Näherung, immer in Längsrichtung der Reifen bewegt und
die Reifenkräfte demnach belanglos sind (Kinematik). Um der Antriebskraft als
Systemeingang der Trackingregelung Rechnung zu tragen, muss in Abschn. 4.2.1
das klassische KESM geeignet erweitert werden.

4.1.2 Auswahl geeigneter Entwurfsverfahren

Da im Folgenden die Minderung der Regelgüte beim Einsatz von *robusten Entwurfsverfahren* [1],[20] nicht in Kauf genommen wird, müssen die Strecken-
parameter hinreichend genau bekannt sein, sodass im Reglerentwurf das sog.
Certainty-equivalence-Prinzip [33] angewandt werden kann, also diesem die exakten Parameterwerte zugrunde gelegt werden. Nach einer Offline-Identifikation
zeitunveränderlicher Parameter ist es dann während des Betriebs erforderlich, die
zeitveränderlichen Streckenkennwerte möglichst genau online zu bestimmen, sodass sich insgesamt ein *adaptives Regelungssystem* [6],[45],[78] ergibt. Insbesondere die beschleunigungsrelevanten Parameter, sprich Fahrzeugmasse, Fahr-
zeugdrehträgheit und Reifenkräfte, sind entscheidend für eine genaue Regelung.
Während Änderungen der beiden ersten Parameter durch Niveausensoren, welche
in Verbindung mit Xenon-Scheinwerfern bereits serienmäßig verbaut werden, und
bekannter Steifigkeit der Fahrwerksfederung im Stillstand nachkalibriert werden
können (und sich während der Fahrt nicht ändern sollten), ist die Online-Schätzung
des Reibkoeffizienten der Reifen-Fahrbahnbelag-Paarung aktuelles Forschungs-
thema, nicht jedoch Teil dieser Arbeit. Einen vielversprechenden neuen Ansatz
stellt die Koeffizientenschätzung mit Hilfe einer Lenkmomentmessung unter Berücksichtigung der Reifenaufstandskraft dar [36].
Neben den *robusten* erweisen sich ebenfalls reine *lineare* [69],[34] sowie *Fuzzy-
Entwurfsverfahren* [87] für die Aufgabenstellung der Arbeit als ungeeignet, da
sie entweder den nichtlinearen Streckencharakter vernachlässigen oder verfügba-

re Fahrzeugmodelle unberücksichtigt lassen, sodass ihnen somit nur schwer Stabilitätsaussagen abgewonnen werden können. Schaltende Regler (z. B. *Sliding-mode-Regelung* [43]) wiederum vertragen sich aufgrund der mit ihnen verbundenen Stellgrößensprünge nicht mit dem mechanischen Charakter der Strecke. Die *modellprädiktive Regelung* [52],[16] hingegen stellt sich als durchaus praktikabel für die Fahrzeugführung heraus, kann jedoch im direkten Vergleich [44] mit den differentialgeometrischen Verfahren (s. kommender Abschnitt) bei entsprechender Regelgüte in Bezug auf den Reglerentwurfsaufwand und die Parametrierbarkeit nicht mithalten. Darüber hinaus ergeben sich Einschränkungen in der Neuplanungsstrategie aufgrund der nicht zu vernachlässigenden Länge des Optimierungshorizonts (s. auch Abschn. 3.5.5) sowie stark eingeschränkte Analysemöglichkeiten.

Im Gegensatz dazu stehen die *differentialgeometrischen Entwurfsverfahren*, bei welchen zum einen nur der aktuelle und kein zukünftiger Sollwert in den Regler einfließt, sodass unmittelbar neu geplant werden kann, ohne Stellgrößensprünge zu riskieren. Zum anderen stellen sie hervorragende Analysewerkzeuge dar (relativer Grad, Minimalphasigkeit etc.), sodass sie Hilfestellung u. a. bei der Wahl geeigneter Regelgrößen geben. Eine in diesem Zusammenhang immer wiederkehrende Systemeigenschaft ist die sog. *Flachheit* [22]. Sie stellt die Verallgemeinerung des Begriffs der Steuerbarkeit linearer Systeme auf nichtlineare Systeme dar[4], sodass sich bei deren Nachweis der nichtlineare Reglerentwurf häufig vereinfacht [74], [4], [71]. Fahrzeuganwendungen für den mittleren bis hohen Geschwindigkeitsbereich (mit simulativer Validierung) stellen die flachheitsbasierten ESP-Regelungen [61] und [24] dar. Während in ersterer eine Einzelradlenkung vorausgesetzt wird, was die Übertragung auf die Trackingregelung eines realen Straßenfahrzeugs verhindert, treten bei letzterem andere praktische Probleme auf: Da bei der Regelung auf den flachen Ausgang dieser „weit vom Eingang entfernt" ist [72], ergeben sich zum einen höhere Stetigkeitsanforderungen an die Solltrajektorie als die Planung in Kap. 3 und beispielsweise auch verheftete Klothoidenstücke (im Straßenverkehr häufig anzutreffende Kurven, deren Krümmungsverlauf linear über der Bogenlänge zunimmt) erfüllen können. Zum anderen erweisen sich die für die linearisierende Rückführung erforderlichen Messungen, wie die der zeitlichen Änderung des Schräglaufwinkels, als schwer realisierbar. Darüber hinaus ist die Flachheit des in Abschn. 4.3.1 vorgestellten Fahrzeugmodells aufgrund des für die Trackingregelung erforderlichen Reifenmodells fraglich. Zumindest der Nachweis über den statisch zustandslinearisierenden Ausgang kann nicht aus [24] übernommen werden, da beim Bremsen die hinteren Reifenlängskräfte aufgrund des längs-quer-

---

[4]Ein System ist flach, wenn für dieses ein (möglicherweise fiktiver) flacher Ausgang existiert, der dadurch gekennzeichnet ist, dass sich sämtliche Zustands- und Eingangsgrößen vollständig durch ihn und eine endliche Zahl seiner Zeitableitungen beschreiben lassen.

kombinierten Reifenmodells in der jeweils ersten Ableitung des Ausgangs auftreten und der relative Grad (falls er überhaupt existiert) kleiner als die Systemordnung ist. Modellierungsdetails hierzu werden im Abschn. 4.3.1 aufgegriffen.

Aus den genannten Gründen wird in Abschn. 4.3 der Trackingreglerentwurf für das DESM mit Hilfe eines anderen differentialgeometrischen Ansatzes, der *exakten E/A-Linearisierung* (eine *Zustandslinearisierung* ist aufgrund der oben genannten Gründe nicht möglich), durchgeführt. Er weist Ähnlichkeit mit der in [44] durchgeführten Bahnregelung eines Miniaturfahrzeugs auf. Dessen Charakteristik erlaubt jedoch aufgrund der hohen Reifensteifigkeiten starke Vereinfachungen (kleine Schräglauf- und Schwimmwinkel) im Reglerentwurf, die für ein Straßenfahrzeug nicht gelten. Darüber hinaus wird die wichtige Quer-längs-Beeinflussung der Reifenkräfte ausgeklammert, da in der Arbeit longitudinal-unbeschleunigte Ausweichmanöver wie Doppelspurwechsel im Vordergrund stehen. Des Weiteren treten, selbst im ungestörten Fall, nicht zu vernachlässigende Schleppfehler aufgrund der gewählten Regelgröße auf, die sich im autonomen Fahrbetrieb bei höherer Geschwindigkeit verstärken und zu Kollisionen führen können. Diese Einschränkungen werden durch den in Abschn. 4.3.3 vorgestellten Trackingreglerentwurf für das DESM allesamt aufgehoben.

Das KESM wiederum ist bekanntermaßen flach [72], wovon bereits in Abschn. 3.5.4 zur schnellen Kollisionsüberprüfung Gebrauch gemacht wird. Die darauf basierende Standard-Trackingregelung bereitet zwar zunächst keine Probleme im Entwurf, bewirkt jedoch später im Einsatz ein rotationsvariantes Verhalten des geschlossenen Regelkreises[5] und das Auftreten von Singularitäten. Abhilfe schafft zum einen die Theorie des *Invarianten Trackings*, auf das noch in Abschn. 4.1.3 genau eingegangen wird und in den Regelungsgesetzen der vorliegenden Arbeit umgesetzt ist, und zum anderen das *Zeitskalieren* [76],[29].

Bei der Zeitskalierung wird das *gesamte* Gleichungssystem des KESM in eine „neue Zeit" (die zurückgelegte Wegstrecke s der Ist- oder der Solltrajektorie [73]) transformiert, in der dann Stabilität des geschlossenen Regelkreises nachgewiesen werden kann, ohne dass es zu den besagten Singularitätserscheinungen kommt. Ungünstiger Weise beinhaltet die Transformation auch die Fahrzeuglängsdynamik. Im Zusammenhang mit der für die Zwecke dieser Arbeit erforderliche Zustandserweiterung im Modelleingang (s. Abschn. 4.2.1) taucht hierbei jedoch die Singularität im (Fehler-) Modell erneut auf[6]. Deshalb wird in Abschn. 4.2 (wie

---

[5]Die Regelkreisdynamik variiert mit der geometrischen Orientierung der Strecke.

[6]Ohne Modellierungsdetails des Abschn. 4.2.1 vorwegzunehmen, kann die Fahrzeuglängsdynamik als zweidimensionale Integratorreihe $\ddot{x}(t) = u(t)$ angenommen werden, die es entlang der Solltrajektorie $x_d(t)$ zu stabilisieren gilt. Mit $v := \dot{x}$ und $v_d := \dot{x}_d$ in Kombination mit der Zeitskalierung $\tau_1(t) = x(t)$ ($\tau_2(t) = x_d(t)$) ergibt sich die zeitlich transformierte Differentialgleichung $\frac{d}{d\tau_1}[x - x_d] = \frac{v}{v_d} - 1$ $\left(\frac{d}{d\tau_2}[x - x_d] = 1 - \frac{v_d}{v}\right)$ mit der erwähnten Singularität bei $v_d = 0$

auch schon in [57],[58]) der Lyapunov-basierte Entwurf in Kombination mit einer flachheitsbasierten Sollgrößentransformation verfolgt, der durch eine zielgerichtete Rückführung die nichtlineare Strecke stabilisiert, ohne dieser eine lineare Dynamik „aufzuzwingen" und dadurch die Singularität vermeidet. Die in [57],[58] vorgestellten Reglergesetze stabilisieren allerdings *sämtliche* Systemzustände mit Rückführungsverstärkungen proportional zur Geschwindigkeit $v_d(t)$ der Solltrajektorie, was bedeutet, dass sowohl die Lenkung als auch der Längstrackingfehler zu driften beginnen, sobald $v_d(t)$ (unabhängig von der tatsächlichen Geschwindigkeit $v(t)$) klein wird. Demnach stellen die vorgeschlagenen Rückführungen keine passende Startlösung für einen Backstepping-Ansatz[7] dar, der der Modellerweiterung aus Abschn. 4.2.1 Rechnung trägt. Darum werden in Abschn. 4.2 zwei komplementäre Lyapunov-basierte Reglergesetze zur Trackingregelung für die langsame Fahrt neu entworfen. Diese stabilisieren sowohl die Lenkung als auch den Längsfehler geschwindigkeitsunabhängig und verhindern damit das Wegdriften der jeweiligen Zustände im Stand.

Neben den im vorhergehenden Abschnitt beschriebenen Vorteilen (s. auch Tab. 4.1) dürfen die Nachteile der angewandten Methodik, also der exakten E/A-Linearisierung für die schnelle und des Lyapunov-basierten Entwurfs für die langsame Fahrt, nicht verschwiegen werden. Im Gegensatz zur modellprädiktiven Regelung können Stellgrößenbeschränkungen (maximaler Kurvenradius, zulässige Antriebsbeschleunigung) im Regelgesetz *nicht* berücksichtigt werden, sodass es im Sättigungsfall zu undefiniertem Verhalten einschließlich Instabilitäten kommt. Die Problematik kann jedoch einfach umgangen werden, indem bereits bei der Trajektoriengenerierung ausreichende Stellgrößenreserven für die Regelung eingeplant und zur Not durch Reinitialisierung aufrecht erhalten werden. Darüber hinaus wird bei beiden Verfahren (wieder im Unterschied zur modellprädiktiven Regelung) die Stetigkeitseigenschaften der Stellgrößen direkt von den Sollvorgaben bestimmt, sodass bei der Reinitialisierung in Abschn. 4.5.2 besondere Maßnahmen [106] zur Vermeidung von Stößen auf die Strecke getroffen werden müssen.

Abschließend sei bemerkt, dass die klassische Geschwindigkeits-, Abstands- und Anhalteregelung der erweiterten Bahnstabilisierung nach Def. 2.3 [104] bei der trajektorienbasierten Fahrzeugführung hinfällig sind, da sie implizit von der Lowlevel-Trackingregelung bei Verfolgung der Solltrajektorie umgesetzt werden.

($v = 0$), welche aufgrund des zusätzlichen Integrators, der eine direkte Beeinflussung von v verbietet, durch *kein* Reglergesetz beseitigt werden kann.

[7]Mit Hilfe des *Backsteppings* [45] kann der ansonsten unkonstruktive (unschematisch) Lyapunov-Entwurf systematisch auf größere Modelle angewandt werden.

	geometrisch	Lyapunov-basiert	modellprädiktiv
Analyse	+	+	−
Entwurf/Parametrisierung	+	+	−
Singularität bei $v = 0$	−	+	−
Reinitialisierung	−	−	+
Stellgrößensättigung	−	−	+

Tabelle 4.1: Unterschiedliche Low-level-Stabilisierungsstrategien im Vergleich

4.1.3 Bewahrung der Streckeninvarianz

Bei der Identifikation von Fahrzeugparametern erwartet kein Versuchsingenieur, dass bei gleicher Fahrbahn, Witterung etc. die erforderlichen Manöver von dem Versuchsort und der Versuchsausrichtung abhängen. Intuitiv ist klar, dass die Fahrzeugdynamik positions- und ausrichtungsinvariant ist. Der folgende Abschnitt befasst sich mit der (praktischen) Forderung, dass diese Fahrzeugeigenschaft auch im geschlossenen Regelkreis erhalten bleibt, was bei der Trackingregelung keine Selbstverständlichkeit ist.

Die Übermittlung der Sollwerte an die Low-level-Regelung erfolgt nämlich i. A. (mit Ausnahme des sog. *video servoings*, dem direkten Regeln auf Bildmerkmale, z. B. [81]) in ortsfesten Koordinaten, unabhängig davon, ob deren Ursprung absolut bekannt ist (GPS) oder langsam driftet (*smooth coordinates* [56]). Das liegt darin begründet, dass die Bewegungsvorgaben (Sollposition eines fahrzeugfesten Referenzpunkts $[y_{1d}(t), y_{2d}(t)]$) der Verhaltensgenerierung bereits in diesen ortsfesten Koordinaten vorliegen, da nur dort die Überschreitung fahrphysikalischer Grenzen beim Ausweichen von Hindernissen und Verkehrsteilnehmern überprüft werden kann (s. Kap. 3). Somit liegt die direkte Stabilisierung des globalen, kartesischen Folgefehlers

$$\begin{bmatrix} e_{y_1}(t) \\ e_{y_2}(t) \end{bmatrix} := \begin{bmatrix} y_1(t) - y_{1d}(t) \\ y_2(t) - y_{2d}(t) \end{bmatrix}, \tag{4.1}$$

wie beispielsweise in [60], nahe. Die durch den Regler stabilisierte Fehlerdynamik $[e_{y_1}(t), e_{y_2}(t)]$ muss hierbei allerdings nicht notwendiger Weise in beiden Dimensionen dieselbe Systemordnung aufweisen, was beispielsweise zu einem PT_1- in Ost- und einem PT_2-Regelverhalten in Nordrichtung (oder umgekehrt) führen kann, wodurch die Orientierungsinvarianz des Fahrzeugs verloren geht.

Sollten die Fehlerdifferentialgleichungen jedoch strukturell gleich sein, so kann in vielen Fällen immerhin noch durch sog. *gain-alignment* [50] die Dynamik der Fehlerkomponenten einander angeglichen werden, sodass die Invarianz wieder hergestellt wird. Durch dieses „Abstimmen der Rückführungsverstärkungen" gehen jedoch wichtige Entwurfsfreiheitsgrade verloren [50], die in der Praxis von großer Bedeutung sind. Darüber hinaus können durch (4.1) bei den geometrischen Entwurfsverfahren Singularitäten bei bestimmten Kursrichtungen auftreten [75], die umständlich umgangen werden müssen, sodass die Frage berechtigt ist, was die Pfadregelung besser macht, dass die Phänomene dort nicht auftreten.

Bei genauerer Betrachtung kann festgestellt werden, dass der Schlüssel der grundsätzlich immer invarianten Pfadregelung die Wahl eines „natürlichen" Fehlermaßes ist, welches entweder in Fahrzeugkoordinaten (Pfadregelung mit Ablage) oder in den Frenet-Koordinaten der Kurve (Regelung auf Kurvenpunkt mit minimalem Abstand) definiert ist und dadurch mit dem Fahrzeug bzw. der Solltrajektorie ständig rotiert. Systemtheoretische Hilfestellung bei der Übertragung dieser Erkenntnis auf das Trajektorientracking leistet die Verallgemeinerung des beschriebenen Sachverhalts, das *invariante Tracking* [73]:

Invarianzforderung: *Für ein System der Form* $\dot{x} = f(x, u)$, $x \in M \subseteq \mathbb{R}^n$, $u \in \mathbb{R}^m$ *und eine Symmetriegruppe*[8] *G auf* $M \times \mathbb{R}^m$ *ist eine asymptotisch stabilisierende Rückführung zu finden, sodass die Fehlerdynamik des geschlossenen Regelkreises invariant unter G ist.*

Im Fall des Fahrzeugs ist die Invarianz bzgl. aller Verschiebungen und Rotationen, kurz $SE(2) := SO(2) \times \mathbb{R}^2$, sicherzustellen. In [50] wird hierfür nachgewiesen, dass durch eine Fehlerdefinition in sog. begleitenden Vielbeinen (engl. *moving frames*) (Analyse-) Ergebnisse bestimmter Entwurfsverfahren, wie die der exakten E/A-Linearisierung, von der varianten auf die invariante Fehlerdefinition übertragbar sind. Grundsätzlich können hierbei, wie schon bei der Pfadregelung, Fehlerdefinitionen in den Koordinaten des bewegten Körpers [75],[2] oder der Solltrajektorie (engl. *Frenet-frame*, s. auch Kap. 3) [58],[73] definiert werden. Letzteres wird in der vorliegenden Arbeit verwendet, da sich dann für beide Fahrzeugmodelle der Abschn. 4.2.1 und 4.3.1 die Fehlerdifferentialgleichungen ähneln und der Reglerentwurf vereinfacht wird.

Die Analyse bestehender Regelungsstrategien kann damit als abgeschlossen betrachtet und mit dem Reglerentwurf, aus Gründen der Nachvollziehbarkeit zuerst für das KESM, begonnen werden.

---

[8]Menge aller Kongruenzabbildungen, die ein geometrisches Objekt auf sich selbst abbilden

4.2 Herleitung der Low-level-Stabilisierung für langsame Fahrt

4.2.1 Erweiterung des kinematischen Einspurmodells

Das klassische kinematische Einspurmodell [12] wird unter der Annahme hergeleitet, dass jeweils die beiden Räder der Vorder- und Hinterachse virtuell durch dazwischen liegende ersetzt werden können, welche sich immer genau entlang ihrer Längsrichtung bewegen (engl. *pure rolling condition*). Das bedeutet, dass Reifenschräglaufwinkel vereinfachend[9] zu Null gesetzt werden, was für geringe Querbeschleunigungen bei langsamer Fahrt eine gute Näherung darstellt. Das Fahrzeug rotiert dann um seinen Momentanpol (MP), der direkt durch die Orientierung der Vorder- und Hinterräder entsprechend Abb. 4.1 gegeben ist. Als Systemeingang beim KESM dient die Längsgeschwindigkeit v des Hinterachsmittelpunkts $[x_1, x_2]$ sowie der fiktive Lenkwinkel δ am Vorderachsmittelpunkt.

Für eine präzise Trackingregelung (wie eingangs erwähnt, verbieten sich ja eine unterlagerte Geschwindigkeits- oder Lenkwinkelregelung) muss jedoch das Modell im Folgenden so erweitert werden, sodass neben der Lenkwinkelrate $u_1 := \dot{\delta}$ die zusammengefassten Reifenlängskräfte F_{vl} der Vorder- und F_{hl} der Hinterachse als Systemeingang berücksichtigt werden. Da der Vorder- und Hinterachsantrieb bei Serienfahrzeugen nicht separat beeinflusst werden kann, wird als Eingang $u_2 := F_l = F_{vl} + F_{hl}$ mit dem Kräfteverhältnis $\gamma := \frac{F_{vl}}{F_l} \in [0, 1]$ eingeführt[10].

Modell 1 (Erweitertes KESM). Die Fahrzeugdynamik bei niedriger Geschwindigkeit wird entsprechend den Bezeichnern in Abb. 4.1 durch

$$
\begin{bmatrix} \dot{x}_1 \\ \dot{x}_2 \\ \dot{\psi} \\ \dot{\delta} \\ \dot{v} \end{bmatrix} = \begin{bmatrix} v \cos \psi \\ v \sin \psi \\ v \frac{\tan \delta}{l} \\ u_1 \\ \frac{\left[1 + \gamma \left[\frac{1}{\cos \delta} - 1\right]\right] u_2 - 2M v \frac{\tan \delta}{\cos^2 \delta} u_1}{m + M \tan^2 \delta} \end{bmatrix}. \tag{4.2}
$$

mit Eingang $u_1 = \dot{\delta}$ und $u_2 = F_l$ beschrieben.

---

[9]Je langsamer das Fahrzeug fährt, desto schlechter lassen sich die Schräglaufwinkel an den Reifen bestimmen, s. auch Abschn. 4.3.

[10]Der Parameter γ nimmt beispielsweise in Abschn. 5.1.2.2 bei Ansteuerung des Frontantriebs 1.0 und bei Eingriff der Bremsen 0.75 an.

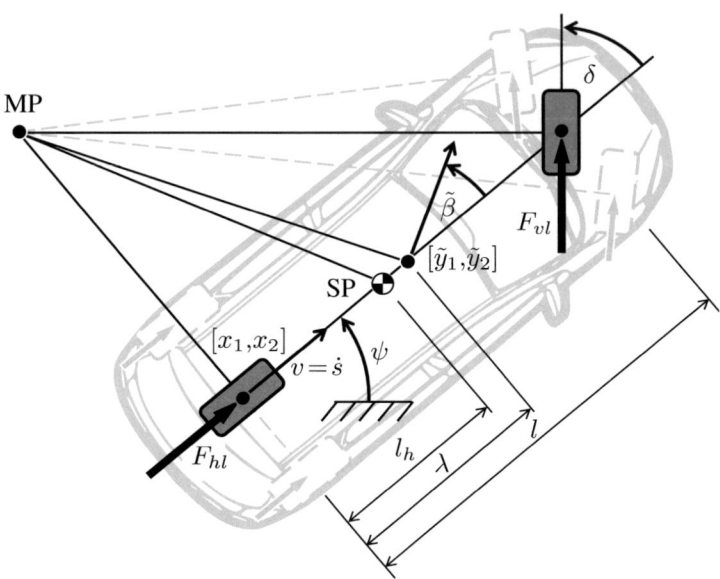

Abbildung 4.1: Nichtholonomes Fahrzeugmodell mit Reifenlängskräften und Momentanpol der Fahrzeugbewegung

Herleitung. Da bei langsamer Fahrt die Reifenquerkräfte als sog. Zwangskräfte des Systems für den Reglerentwurf belanglos sind, bietet sich der Lagrange-Formalismus an. Dabei wird die (hier skalare) Euler-Lagrange-Gleichung

$$\frac{\mathrm{d}}{\mathrm{d}t}\frac{\partial L}{\partial \dot{q}} - \frac{\partial L}{\partial q} = Q \tag{4.3}$$

betrachtet, bei der q die generalisierte Koordinate, Q die generalisierte Kraft und L die Lagrangefunktion darstellen. Anstatt die kinematischen Zwangsbedingungen des Fahrzeugs explizit aufzustellen, kann die Fahrzeugbewegung anschaulich als Fahrt der Hinterachse entlang einer virtuellen Schiene betrachtet werden, dessen Krümmung ausschließlich durch den jeweiligen Lenkwinkel δ gegeben ist. Da die zurückgelegte Wegstrecke s der Hinterräder die Fahrzeugbewegung entlang der Schiene komplett beschreibt, wird sie als generalisierte Koordinate herangezogen.

Unter der vereinfachenden Annahme einer planaren Fahrbahn kann die potenzielle Energie zu Null gesetzt werden, sodass sich die Lagrangefunktion ausschließlich aus der kinetischen Energie T zusammensetzt. Mit der Schwerpunktsgeschwindigkeit $\dot{s}_{\mathrm{SP}} = [\dot{s}^2 + l_h^2 \dot{\psi}^2]^{\frac{1}{2}}$ wird

$$L = T = \frac{1}{2} m \dot{s}_{\mathrm{SP}}^2 + \frac{1}{2} J \dot{\psi}^2 = \frac{1}{2} m \dot{s}^2 \left[1 + \frac{l_h^2}{l^2} \tan^2 \delta \right] + \frac{1}{2} J \frac{\tan^2 \delta}{l^2} \dot{s}^2$$

$$= \frac{1}{2} \dot{s}^2 [m + M \tan^2 \delta]$$

mit $M := [m l_h^2 + J]/l^2$ erhalten, wobei m die Gesamtmasse, l_h der Abstand des Schwerpunkts von der Hinterachse, l der Gesamtachsabstand und J das Trägheitsmoment um die Hochachse des Fahrzeugs darstellen. Die generalisierten Kräfte sind wiederum gegeben durch

$$Q = F_{hl} + F_{vl} \left[\cos \delta + (l \dot{\psi}/v) \sin \delta \right], \tag{4.4}$$

was durch das Prinzip der virtuellen Arbeit hergeleitet werden kann.
Mit $F_{hl} = [1 - \gamma] F_l$, $F_{vl} = \gamma F_l$ und $\dot{\psi}/v = \tan \delta / l$ wird Gl. (4.4) zu

$$Q = [1 - \gamma] F_l + \gamma F_l [\cos \delta + \sin \delta \tan \delta] = F_l [1 + \gamma [\cos \delta + \sin \delta \tan \delta - 1]]$$

$$= F_l \left[1 + \gamma \left[\frac{1}{\cos \delta} - 1 \right] \right].$$

Des Weiteren wird bei Ausführung der Differentiationen in (4.3)

$$\ddot{s} \left[m + M \tan^2 \delta \right] + 2 M \dot{s} \dot{\delta} \frac{\tan \delta}{\cos^2 \delta} = Q$$

erhalten. Mit $\dot{s} = v$ und den Gleichungen des klassischen kinematischen Einspurmodells ergibt sich hierdurch schließlich die Gesamtdynamik des Modells. $\square$

Zur Regelung wird als Systemausgang der fahrzeugfeste Referenzpunkt

$$\tilde{\boldsymbol{y}} = \begin{bmatrix} \tilde{y}_1 \\ \tilde{y}_2 \end{bmatrix} = \begin{bmatrix} x_1 \\ x_2 \end{bmatrix} + \lambda \begin{bmatrix} \cos \psi \\ \sin \psi \end{bmatrix} \tag{4.5}$$

eingeführt, der sich entsprechend Abb. 4.1 im Abstand λ von der Hinterachse und in Querrichtung fahrzeugmittig befindet. Im Folgenden beziehen sich alle Systemvariablen mit $\tilde{()}$ auf diesen Punkt und solche ohne auf die Hinterachse mit $\lambda = 0$. Wie durch Betrachtung der im Anschluss hergeleiteten Eingangssubstitution ersichtlich, können die im Folgenden durchgeführten Modellmodifikationen als Integratorerweiterungen betrachtet werden, welche nichts an der Flachheit des erweiterten KESM ändern.

4.2.2   Vereinfachende Eingangssubstitution

Mit Hilfe von sog. Eingangssubstitutionen werden die tatsächlichen durch virtuelle Streckeneingänge ersetzt, sodass sich für letztere das Ableiten von Stellgesetzen vereinfacht. Damit die virtuellen Stellgrößen dann jedoch durch die realen umgesetzt werden können, ist (im relevanten Bereich) die Existenz einer bijektiven Abbildung zwischen den beiden Eingängen zwingend erforderlich[11]. Sind sämtliche Zustände verfügbar, sei es durch direkte Messung oder indirekt über Beobachtung, so kann für das System (4.2) die virtuelle Eingangsgröße

$$w_2 := \frac{\left[1 + \gamma \left[\frac{1}{\cos \delta} - 1\right]\right] u_2 - 2Mv \frac{\tan \delta}{\cos^2 \delta} u_1}{m + M \tan^2 \delta} = \dot{v}, \qquad (4.6)$$

eingeführt werden, für welche sich die in den folgenden Abschnitten vorgestellten Reglerentwürfe vereinfachen. Für $|\delta| < \frac{\pi}{2}$ können die virtuellen Stellgrößen nämlich mit Hilfe der Umkehrfunktion

$$u_2 = \frac{1}{1 + \gamma \left[\frac{1}{\cos \delta} - 1\right]} \left[w_2 [m + M \tan^2 \delta] + 2Mv \frac{\tan \delta}{\cos^2 \delta} u_1\right] \qquad (4.7)$$

in die realen umgerechnet werden.

4.2.3   Lyapunov-Tracking mit Orientierungsstabilisierung

Zur kompakten Darstellung der im Folgenden häufig auftretenden Terme, welche Ableitungen der Solltrajektorie $y_d(t)$ beinhalten, werden die Abkürzungen

$$v_d := \varsigma \dot{s}_d = \varsigma \sqrt{\dot{y}_{d1}^2 + \dot{y}_{d2}^2}, \quad \psi_d := \text{atan2}\left(\varsigma \dot{y}_{d2}, \varsigma \dot{y}_{d1}\right), \quad \kappa_d := \frac{\dot{\psi}_d}{v_d}$$

(in Anlehnung an Kap. 3) mit der Sollfahrtrichtung $\varsigma \in \{1, -1\}$ eingeführt. Sie stellen anschaulich die Geschwindigkeit, Orientierung und Krümmung der berechneten Solltrajektorie dar. Hierbei ist für die spätere Stabilitätsbeweisführung zu beachten, dass $\dot{s}_d \geq 0$ sowohl für die Vorwärts- als auch Rückwärtsfahrt gilt.

---

[11]Werden darüber hinaus Stetigkeitsanforderungen an die realen Eingangsgrößen gestellt, kommen zusätzlich die gleichen Stetigkeitsanforderungen an die Abbildung der Eingangssubstitution hinzu.

4.2.3.1 Invariante Fehlerdynamik

Zunächst wird mit $\lambda = 0$ die Regelung auf den flachen Ausgang $\boldsymbol{y} = [x_1, x_2]$ betrachtet. Wie in Abb. 4.2 dargestellt, transformiert dann die globale, diffeomorphe[12] Abbildung

$$
\begin{bmatrix} e_t \\ e_n \\ e_\psi \\ v \\ \kappa_\delta \end{bmatrix} :=
\begin{bmatrix} \begin{bmatrix} \cos\psi_d & \sin\psi_d \\ -\sin\psi_d & \cos\psi_d \end{bmatrix} \begin{bmatrix} y_1 - y_{1d} \\ y_2 - y_{2d} \end{bmatrix} \\ \psi - \psi_d \\ v \\ \frac{\tan\delta}{l} \end{bmatrix},
\tag{4.9}
$$

den Trackingfehler in das Frenet-Koordinatensystem der Solltrajektorie $\mathcal{T}_{y_d}$ und bewahrt dadurch, wie eingangs erwähnt, die Invarianz des Fahrzeugs für den geschlossenen Regelkreis. Damit lässt sich die für den Reglerentwurf erforderliche invariante Fehlerdynamik in den Koordinaten des Hinterachsmittelpunkts aufstellen.

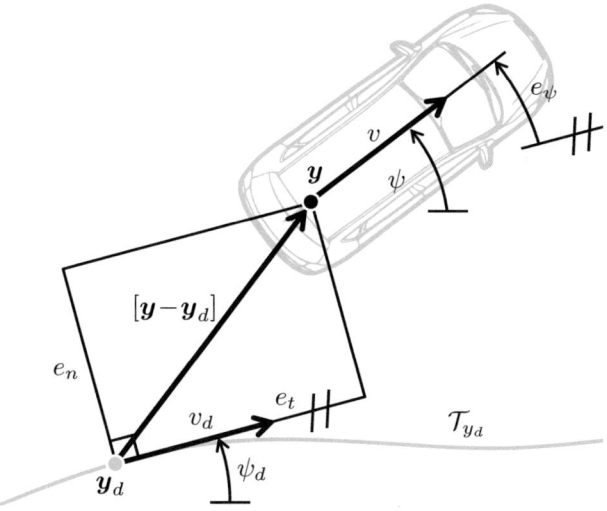

Abbildung 4.2: Definition der skalaren, invarianten Trackingfehler des Hinterachsmittelpunkts

---

[12]bijektiv stetig differenzierbar

Modell 2 (Invariante Fehlerdynamik in Hinterachskoordinaten). Die hinterachs-mittige Trackingfehlerdynamik bei niedriger Geschwindigkeit wird entsprechend den Bezeichnern in Abb. 4.2 durch

$$\dot{e}_t = v \cos e_\psi - v_d[1 - \kappa_d e_n] \qquad (4.10\text{a})$$

$$\dot{e}_n = v \sin e_\psi - v_d \kappa_d e_t \qquad (4.10\text{b})$$

$$\dot{e}_\psi = v \kappa_\delta - v_d \kappa_d \qquad (4.10\text{c})$$

$$\dot{v} = w_2 \qquad (4.10\text{d})$$

$$\dot{\kappa}_\delta = \left[\frac{1}{l} + l\kappa_\delta^2\right] u_1 \qquad (4.10\text{e})$$

mit Eingang $u_1 = \dot{\delta}$ und $w_2 = \dot{v}$ beschrieben.

Herleitung. Mit $\boldsymbol{R}(\psi_d) := \begin{bmatrix} \cos\psi_d & \sin\psi_d \\ -\sin\psi_d & \cos\psi_d \end{bmatrix}$ und $\boldsymbol{P} := \begin{bmatrix} 0 & -1 \\ 1 & 0 \end{bmatrix}$ berechnet sich die Ableitung von

$$[e_t \ e_n]^{\mathrm{T}} = \boldsymbol{R}[\boldsymbol{y} - \boldsymbol{y}_d]$$

mit (4.2) zu

$$\begin{aligned}[\dot{e}_t \ \dot{e}_n]^{\mathrm{T}} &= \dot{\psi}_d \frac{\mathrm{d}\boldsymbol{R}(\psi_d)}{\mathrm{d}\psi_d}[\boldsymbol{y} - \boldsymbol{y}_d] + \boldsymbol{R}\dot{\boldsymbol{y}} - \boldsymbol{R}\dot{\boldsymbol{y}}_d \\ &= -\dot{\psi}_d \boldsymbol{P}\boldsymbol{R}[\boldsymbol{y} - \boldsymbol{y}_d] + \boldsymbol{R}\,v\left[\cos\psi \ \sin\psi\right]^{\mathrm{T}} - \boldsymbol{R}\,v_d\left[\cos\psi_d \ \sin\psi_d\right]^{\mathrm{T}} \\ &= -v_d\kappa_d \boldsymbol{P}[e_t \ e_n]^{\mathrm{T}} + v\left[\cos(\psi - \psi_d) \ \sin(\psi - \psi_d)\right]^{\mathrm{T}} - v_d\left[1 \ 0\right]^{\mathrm{T}}.\end{aligned}$$

Mit $\dot{\psi}_d = \kappa_d v_d$, $\dot{\kappa}_\delta = \frac{1}{l\cos^2\delta}\dot{\delta} = \frac{1}{l}[1 + \tan^2\delta]\dot{\delta}$ und der Eingangssubstitution (4.6) liefert Ableiten der letzten drei Gleichungen von (4.9) die restliche System-dynamik. $\qquad \square$

4.2.3.2   Stabilisierende Rückführung

Entsprechend der Vorgehensweise des Backsteppings [45] wird zunächst vereinfa-chend angenommen, dass (4.10e) nicht existiert. Dadurch wird κ_δ in (4.10c) direkt für ein Regelgesetz $\kappa_\delta = \xi_1$ beeinflussbar und es kann folgendes Lemma aufge-stellt werden:

Lemma 1 (Fiktives Regelgesetz). *Das Regelgesetz für den fiktiven Eingang* κ_δ *und den virtuellen Eingang* w_2 *gegeben durch*

$$\xi_1 = \kappa_d - k_1\left[e_t \frac{\cos e_\psi - 1}{e_\psi} + e_n \frac{\sin e_\psi}{e_\psi}\right] - \varsigma k_2 e_\psi \qquad (4.11)$$

$$w_2 = \dot{v}_d - k_1 e_t - k_3 e_v + \varsigma k_2 e_\psi^2 - e_\psi \kappa_d \qquad (4.12)$$

mit $e_v := v - v_d$, $k_1, k_2, k_3 > 0$ *stabilisiert den Zustand* $[e_t, e_n, e_\psi, e_v] = 0$ *des reduzierten Systems* (4.10a) - (4.10d) *für* $\dot{s}_d \neq 0$ *asymptotisch.*

Beweis. Die Zeitableitung des Lyapunov-Funktionskandidaten

$$V = \frac{1}{2}\left[k_1 e_t^2 + k_1 e_n^2 + e_\psi^2 + e_v^2\right]$$

liefert

$$
\begin{aligned}
\dot{V} &= k_1 e_t \dot{e}_t + k_1 e_n \dot{e}_n + e_\psi \dot{e}_\psi + e_v \dot{e}_v \\
&= k_1 e_t[v \cos e_\psi - v_d[1 - \kappa_d e_n]] + k_1 e_n[v \sin e_\psi - v_d \kappa_d e_t] \\
&\quad + e_\psi[v\xi_1 - v_d\kappa_d] + e_v[w_2 - \dot{v}_d] \\
&= k_1 e_t[v \cos e_\psi - v_d[1 - \kappa_d e_n]] + k_1 e_n[v \sin e_\psi - v_d\kappa_d e_t] \\
&\quad + e_\psi v\left[\kappa_d - k_1\left[e_t \frac{\cos e_\psi - 1}{e_\psi} + e_n \frac{\sin e_\psi}{e_\psi}\right] - \varsigma k_2 e_\psi\right] \\
&\quad - e_\psi v_d \kappa_d + e_v[-k_1 e_t - k_3 e_v + k_2 \varsigma e_\psi^2 - e_\psi \kappa_d] \\
&= k_1 e_t[v - v_d] - \varsigma k_2 e_\psi^2 v + e_v[-k_1 e_t - k_3 e_v + \varsigma k_2 e_\psi^2] \\
&= -\varsigma v_d k_2 e_\psi^2 - k_3 e_v^2 = -\dot{s}_d k_2 e_\psi^2 - k_3 e_v^2 \leq 0.
\end{aligned}
$$

Da diese negativ-semidefinit ist, kann daraus geschlossen werden, dass $[e_t, e_n, e_\psi, e_v] = 0$ stabil ist. Um *asymptotische* Stabilität nachzuweisen, wird vom LaSalle'schen Invarianztheorem [45] Gebrauch gemacht:

Sei $S = \{[e_t, e_n, e_\psi, e_v] \mid \dot{V} = 0\}$. Mit $\dot{V} = 0$ gilt $e_\psi \equiv 0$; $e_v \equiv 0$, sodass mit $\kappa_\delta = \xi_1$

$$e_v \equiv 0 \Rightarrow \dot{e}_v \equiv 0 \Rightarrow \dot{v} = \dot{v}_d \overset{(4.10d),(4.12)}{\Longrightarrow} e_t = 0 \tag{4.13}$$

$$e_\psi \equiv 0 \Rightarrow \dot{e}_\psi \equiv 0 \overset{(4.10c)}{\Longrightarrow} \kappa_d = \kappa_\delta = \xi_1 \overset{(4.11)}{\Longrightarrow} e_n = 0 \tag{4.14}$$

gilt. Demnach ist die Ruhelage $[e_t, e_n, e_\psi, e_v] = 0$ die einzige zeitunveränderliche Lösung in der Menge S. □

Da das System (4.10) bereits in die Form strikter Rückführung [45] (engl. strict feedback form) gebracht wurde, kann nun entsprechend des Backsteppings verfahren werden, um dem realen Streckeneingang u_1 Rechnung zu tragen. Durch Einführung des neuen Eingangs

$$w_1 := \left[\frac{1}{l} + l\kappa_\delta^2\right] u_1 = \dot{\kappa}_\delta$$

in (4.10e) mit der Umkehrfunktion

$$u_1 = \frac{l}{[1 + l^2 \kappa_\delta^2]} w_1 = l w_1 \cos^2 \delta, \tag{4.15}$$

und der neuen Zustandsgröße

$$e_\delta := \kappa_\delta - \xi_1, \tag{4.16}$$

kann das folgende Reglergesetz aufgestellt werden: •

Satz 4 (Stabilisierung des Hinterachsmittelpunkts). *Das Regelgesetz für den virtuellen Eingang* w_1, *gegeben durch*

$$w_1 = -e_\psi v + \dot{\xi}_1 - k_4 e_\delta \tag{4.17}$$

mit der Abkürzung

$$\dot{\xi}_1 = \dot{\kappa}_d - k_1 \left[\dot{e}_t \frac{\cos e_\psi - 1}{e_\psi} + e_t \dot{e}_\psi \frac{\mathrm{d}}{\mathrm{d}e_\psi} \left[\frac{\cos e_\psi - 1}{e_\psi} \right] \right.$$
$$\left. + \dot{e}_n \frac{\sin e_\psi}{e_\psi} + e_n \dot{e}_\psi \frac{\mathrm{d}}{\mathrm{d}e_\psi} \left[\frac{\sin e_\psi}{e_\psi} \right] \right] - \varsigma k_2 \dot{e}_\psi \tag{4.18}$$

und $k_4 > 0$, *stabilisiert in Kombination mit der Rückführung* (4.12) *den Zustand* $[e_t, e_n, e_\psi, e_v, e_\delta] = 0$ *des unreduzierten Systems* (4.10) *für* $\dot{s}_d \neq 0$ *asymptotisch.*

Beweis. Die Zeitableitung von (4.16) führt auf die transformierte Systemgleichung

$$\dot{e}_\delta = w_1 - \dot{\xi}_1. \tag{4.19}$$

Der zusammengesetzte Lyapunov-Funktionskandidat $V_c = V + \frac{1}{2} e_\delta^2$ liefert dann

$$\dot{V}_c = \dot{V} + e_\delta \dot{e}_\delta$$
$$= k_1 e_t [v \cos e_\psi - v_d [1 - \kappa_d e_n]] + k_1 e_n [v \sin e_\psi - v_d \kappa_d e_t]$$
$$+ e_\psi [v[\xi_1 + e_\delta] - v_d \kappa_d] + e_v [w_2 - \dot{v}_d] + e_\delta [w_1 - \dot{\xi}_1]$$
$$= -\dot{s}_d k_2 e_\psi^2 - k_3 e_v^2 + e_\delta [e_\psi v + w_1 - \dot{\xi}_1],$$

sodass mit (4.17) und Lemma 1

$$\dot{V}_c = -\dot{s}_d k_2 e_\psi^2 - k_3 e_v^2 - k_4 e_\delta^2 \leq 0$$

gilt. Zum Nachweis asymptotischer Stabilität kann aus $\dot{V}_c = 0$ geschlossen werden, dass $e_\delta \equiv 0$ und mit (4.16) $\kappa_\delta = \xi_1$ gilt. Demnach ist (4.13) und (4.14) weiterhin gültig, sodass die Ruhelage $[e_t, e_n, e_\psi, e_v, e_\delta] = 0$ die einzige zeitunveränderliche Lösung in der Menge $S_c = \{[e_t, e_n, e_\psi, e_v, e_\delta] \mid \dot{V}_c = 0\}$ darstellt. □

Alle zur asymptotischen Stabilisierung erforderlichen Gleichungen, sowohl für die langsame Vorwärts- als auch Rückwärtsfahrt, sind somit vorhanden, sodass der Regelkreis entsprechend Abb. 4.3 geschlossen werden kann (s. Beispielprogramm in Anh. A.5).

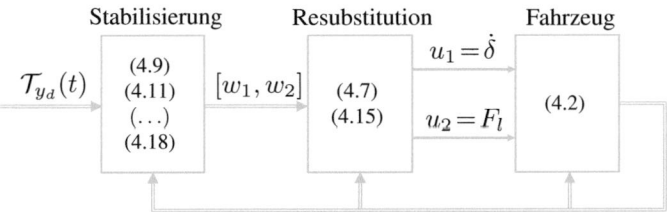

Abbildung 4.3: Vereinfachte Übersichtsdarstellung der Gleichungen des geschlossenen Regelkreises mit Orientierungsstabilisierung

Bemerkung 5. Die Ausdrücke $[\cos e_\psi - 1]/e_\psi$ und $\sin e_\psi/e_\psi$ in (4.11) und (4.18) besitzen hebbare Definitionslücken und können zur Umsetzung des Reglergesetzes, wie auch im nächsten Abschnitt, hinreichend genau durch ihre Taylor-Reihe (s. Anh. A.3) angenähert werden.

Bemerkung 6. Die Berechnung der Punktgrößen in (4.18) erfolgt, wie auch im anschließenden Kapitel, nicht durch numerische Zeitableitung, sondern durch Auswertung von (4.10a) bis (4.10c).

4.2.4 Lyapunov-basiertes Tracking ohne Orientierungsstabilisierung

Da die Regelung des vorherigen Abschnitts den Hinterachsmittelpunkt auf der Solltrajektorie stabilisiert, ist es aufgrund des großen Abstands zur vorderen Stoßstange nicht überraschend, dass die Fahrzeugfront ungewollt ausschwenkt, wenn der Regler stark korrigieren muss. Das eigentliche Interesse der Anwendung besteht allerdings darin, dass das Fahrzeug so genau wie möglich um die zuvor ermittelte kollisionsfreie Konfiguration stabilisiert wird. Demnach erscheint es sinnvoll, einen Regler zu entwerfen, der den geometrischen Fahrzeugmittelpunkt direkt stabilisiert, ohne die Fahrzeugorientierung explizit zur Korrektur des Positionsfehlers nutzen zu müssen.

4.2.4.1   Ausgangstransformation

Für die Regelung ohne Orientierungsstabilisierung wird nun $\lambda \approx \frac{l}{2} > 0$ gewählt, sodass $\tilde{y}$ die Bewegung des geometrischen Mittelpunkts des Fahrzeugs beschreibt. Da die Trajektoriengenerierung i. A. (wie auch die in Kap. 3) darauf beruht, dass zwischen zahlreichen Alternativtrajektorien ausgewählt wird, muss der Kollisionstest unter Berücksichtigung der Fahrzeugorientierung *schnell* erfolgen (s. auch Abschn. 3.5.4). Zur Vermeidung des numerischen und damit rechenintensiven Lösens der Nulldynamik [85] wird die Planung nach wie vor für den flachen Ausgang mit $\lambda = 0$ durchgeführt. Aus diesem Grund muss noch vor der eigentlichen Stabilisierung die Sollvorgabe für den nicht-flachen Ausgang entsprechend Abb. 4.4 exakt transformiert werden:

Satz 5 (Flachheitsbasierte Sollgrößentransformation). *Die Sollbewegung der geometrischen Fahrzeugmitte mit*

$$\tilde{\boldsymbol{y}}_d = y_d + \lambda \begin{bmatrix} \cos \psi_d & \sin \psi_d \end{bmatrix}^{\mathrm{T}} \tag{4.20}$$

und $\lambda \neq 0$ wird in Abhängigkeit des Fahrzeughinterachsmittelpunkts $y_d(t)$ durch die Gleichungen

$$\tilde{v}_d = v_d \sqrt{1 + [\lambda \kappa_d]^2} \tag{4.21}$$

$$\tilde{\theta}_d = \psi_d + \arctan\left(\lambda \kappa_d\right) \tag{4.22}$$

$$\dot{\tilde{v}}_d = \dot{v}_d \sqrt{1 + [\lambda \kappa_d]^2} + v_d \frac{\lambda^2 \kappa_d \dot{\kappa}_d}{\sqrt{1 + [\lambda \kappa_d]^2}} \tag{4.23}$$

$$\tilde{\kappa}_d = \frac{1}{\sqrt{1 + [\lambda \kappa_d]^2}} \kappa_d + \frac{\lambda}{[1 + [\kappa_d \lambda]^2]^{\frac{3}{2}}} \kappa'_d \tag{4.24}$$

beschrieben.

Der *Beweis* erfolgt in Anh. A.4.

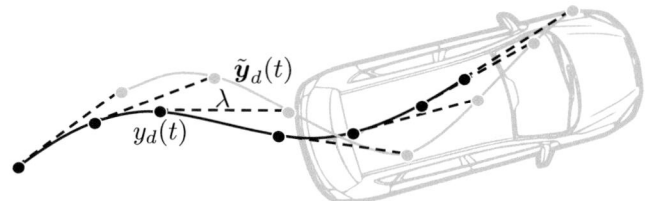

Abbildung 4.4: Transformation der Solltrajektorie für den Hinterachsmittelpunkt $y_d(t)$ auf die des geometrischen Fahrzeugmittelpunkts $\tilde{\boldsymbol{y}}_d(t)$

4.2.4.2 Invariante Fehlerdynamik

Mit dem neuen Kurswinkelfehler $\tilde{e}_\theta = [\psi + \tilde{\beta}] - \tilde{\theta}_d$, s. Abb. 4.5, wird analog zu (4.9) die Transformation

$$
\begin{bmatrix} \tilde{e}_t \\ \tilde{e}_n \\ \tilde{e}_\theta \\ \tilde{v} \\ \tilde{\beta} \end{bmatrix} := \begin{bmatrix} \begin{bmatrix} \cos\tilde{\theta}_d & \sin\tilde{\theta}_d \\ -\sin\tilde{\theta}_d & \cos\tilde{\theta}_d \end{bmatrix} \begin{bmatrix} \tilde{y}_1 - \tilde{y}_{1d} \\ \tilde{y}_2 - \tilde{y}_{2d} \end{bmatrix} \\ \psi + \arctan\left(\frac{\lambda}{l}\tan\delta\right) - \tilde{\theta}_d \\ v\sqrt{1 + \left[\frac{\lambda}{l}\right]^2 \tan^2\delta} \\ \arctan\left(\frac{\lambda}{l}\tan\delta\right) \end{bmatrix} \tag{4.25}
$$

gewählt, sodass mit der Eingangssubstitution (4.6), die invariante Dynamik aufgestellt werden kann.

Modell 3 (Invariante Fehlerdynamik in den Koordinaten der Fahrzeugmitte). Die fahrzeugmittige Trackingfehlerdynamik bei niedriger Geschwindigkeit wird entsprechend den Bezeichnern in Abb. 4.5 durch

$$\dot{\tilde{e}}_t = \tilde{v}\cos\tilde{e}_\theta - \tilde{v}_d[1 - \tilde{\kappa}_d\tilde{e}_n] \tag{4.26a}$$

$$\dot{\tilde{e}}_n = \tilde{v}\sin\tilde{e}_\theta - \tilde{v}_d\tilde{\kappa}_d\tilde{e}_t \tag{4.26b}$$

$$\dot{\tilde{e}}_\theta = \tilde{v}\frac{\sin\tilde{\beta}}{\lambda} + \frac{\lambda}{l}\cos^2\tilde{\beta}\left[1 + \left[\frac{l}{\lambda}\right]^2\tan^2\tilde{\beta}\right]u_1 - \tilde{v}_d\tilde{\kappa}_d \tag{4.26c}$$

$$\dot{\tilde{v}} = w_2\frac{1}{\cos\tilde{\beta}} + \tilde{v}\frac{\lambda}{l}\tan\tilde{\beta}\cos^2\tilde{\beta}\left[1 + \left[\frac{l}{\lambda}\right]^2\tan^2\tilde{\beta}\right]u_1 \tag{4.26d}$$

und

$$\dot{\tilde{\beta}} = \frac{\lambda}{l}\cos^2\tilde{\beta}\left[1 + \left[\frac{l}{\lambda}\right]^2\tan^2\tilde{\beta}\right]u_1. \tag{4.27}$$

mit Eingang $u_1 = \dot{\delta}$ und $w_2 = \dot{v}$ beschrieben.

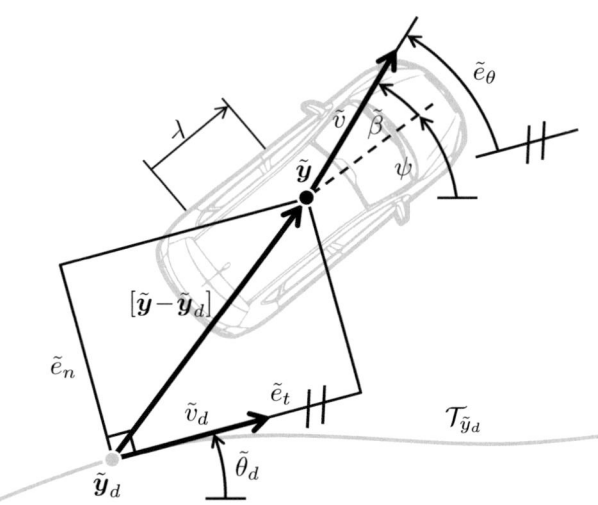

Abbildung 4.5: Definition der skalaren, invarianten Trackingfehler der geometrischen Fahrzeugmitte

Herleitung. Die Gleichungen (4.26a) und (4.26b) werden analog zu Abschn. 4.2.3 bestimmt. Mit Hilfe der geometrischen Beziehungen aus Abb. 4.1 gilt

$$\frac{\tan \tilde{\beta}}{\lambda} = \frac{\tan \delta}{l}.$$

Ableiten nach der Zeit liefert

$$\frac{\dot{\tilde{\beta}}}{\lambda \cos^2 \tilde{\beta}} = \frac{\dot{\delta}}{l \cos^2 \delta},$$

sodass (4.27) durch Umformung von

$$\dot{\tilde{\beta}} = \frac{\lambda}{l} \frac{\cos^2 \tilde{\beta}}{\cos^2 \delta} \dot{\delta} = \frac{\lambda}{l} \frac{\cos^2 \tilde{\beta}}{\cos^2 \arctan\left(\frac{l}{\lambda} \tan \tilde{\beta}\right)} \dot{\delta}$$

erhalten wird. Wie ebenfalls aus Abb. 4.1 mit (4.9) ersichtlich ist, gilt

$$\tilde{v} = \frac{v}{\cos \tilde{\beta}},$$

und es wird mit

$$\dot{\tilde{v}} = \dot{v}\frac{1}{\cos\tilde{\beta}} + v\frac{1}{\cos^2\tilde{\beta}}[\sin\tilde{\beta}]\dot{\tilde{\beta}}$$

$$= \dot{v}\frac{1}{\cos\tilde{\beta}} + \tilde{v}\cos\tilde{\beta}\frac{\sin\tilde{\beta}}{\cos^2\tilde{\beta}}\frac{\lambda}{l}\cos^2\tilde{\beta}\left[1 + \left[\frac{l}{\lambda}\right]^2\tan^2\tilde{\beta}\right]\dot{\delta}$$

Gleichung (4.26d) erhalten. Des Weiteren berechnet sich die Zeitableitung des Kurswinkelfehlers zu

$$\dot{\tilde{e}}_\theta = \dot{\tilde{\psi}} + \dot{\tilde{\beta}} - \dot{\tilde{\theta}}_d = v\frac{\tan\delta}{l} + \dot{\tilde{\beta}} - \tilde{v}_d\tilde{\kappa}_d$$

$$= \tilde{v}\frac{\sin\tilde{\beta}}{\lambda} + \frac{\lambda}{l}\cos^2\tilde{\beta}\left[1 + \left[\frac{l}{\lambda}\right]^2\tan^2\tilde{\beta}\right]\dot{\delta} - \tilde{v}_d\tilde{\kappa}_d,$$

was mit (4.27) schließlich zu (4.26c) führt. □

4.2.4.3 Stabilisierende Rückführung

Nach Einführung der neuen Eingangsgrößen $[\tilde{w}_1, \tilde{w}_2]^T := [\dot{\tilde{e}}_\theta, \dot{\tilde{v}}]^T$, mit den Inversen

$$u_1 = \frac{\tilde{w}_1 + \tilde{v}_d\tilde{\kappa}_d - \tilde{v}\frac{\sin\tilde{\beta}}{\lambda}}{\frac{\lambda}{l}\cos^2\tilde{\beta}\left[1 + \left[\frac{l}{\lambda}\right]^2\tan^2\tilde{\beta}\right]} \tag{4.28}$$

$$w_2 = \cos\tilde{\beta}\left[\tilde{w}_2 - \tilde{v}\frac{\lambda}{l}\sin\tilde{\beta}\cos\tilde{\beta}\left[1 + \left[\frac{l}{\lambda}\right]^2\tan^2\tilde{\beta}\right]u_1\right]$$

$$= \tilde{w}_2\cos\tilde{\beta} - \tilde{v}\sin\tilde{\beta}\left[\tilde{w}_1 - \tilde{v}\frac{\sin\tilde{\beta}}{\lambda} + \tilde{v}_d\tilde{\kappa}_d\right], \tag{4.29}$$

kann das folgende Reglergesetz aufgestellt werden:

Satz 6 (Stabilisierung der Fahrzeugmitte). *Das Reglergesetz*

$$\tilde{w}_1 = -\tilde{k}_1\tilde{v}_d\left[\tilde{e}_t\frac{\cos\tilde{e}_\theta - 1}{\tilde{e}_\theta} + \tilde{e}_n\frac{\sin\tilde{e}_\theta}{\tilde{e}_\theta}\right] - \tilde{k}_4\tilde{e}_\theta \tag{4.30}$$

$$\tilde{w}_2 = \dot{\tilde{v}}_d - \tilde{k}_3\tilde{e}_v - \tilde{k}_1[\tilde{e}_t\cos\tilde{e}_\theta - \tilde{e}_n\sin\tilde{e}_\theta] \tag{4.31}$$

mit $\tilde{e}_v := \tilde{v} - \tilde{v}_d$ *und* $\tilde{k}_1, \tilde{k}_3, \tilde{k}_4 > 0$ *stabilisiert den Zustand* $[\tilde{e}_t, \tilde{e}_n, \tilde{e}_\theta, \tilde{e}_v] = 0$ *des Systems* (4.26) *asymptotisch, so lange* $|\tilde{\beta}| < \frac{\pi}{2}$ *und* $\dot{s}_d \neq 0$ *gilt.*

Beweis. Ableiten des Lyapunov-Funktionskandidaten

$$\tilde{V} = \frac{1}{2}\left[\tilde{k}_1\tilde{e}_t^2 + \tilde{k}_1\tilde{e}_n^2 + \tilde{e}_\theta^2 + \tilde{e}_v^2\right]$$

nach der Zeit liefert

$$
\begin{aligned}
\dot{\tilde{V}} &= \tilde{k}_1\tilde{e}_t\dot{\tilde{e}}_t + \tilde{k}_1\tilde{e}_n\dot{\tilde{e}}_n + \tilde{e}_\theta\dot{\tilde{e}}_\theta + \tilde{e}_v\dot{\tilde{e}}_v \\
&= \tilde{k}_1\tilde{e}_t[[\tilde{v}_d + \tilde{e}_v]\cos\tilde{e}_\theta - \tilde{v}_d[1 - \tilde{\kappa}_d\tilde{e}_n]] + \tilde{k}_1\tilde{e}_n[[\tilde{v}_d + \tilde{e}_v]\sin\tilde{e}_\theta \\
&\quad - \tilde{v}_d\tilde{\kappa}_d\tilde{e}_t] + \tilde{e}_\theta\dot{\tilde{e}}_\theta + \tilde{e}_v[\dot{\tilde{v}} - \dot{\tilde{v}}_d] \\
&= \tilde{k}_1\tilde{e}_t[[\tilde{v}_d + \tilde{e}_v]\cos\tilde{e}_\theta - \tilde{v}_d] + \tilde{k}_1\tilde{e}_n[[\tilde{v}_d + \tilde{e}_v]\sin\tilde{e}_\theta] \\
&\quad + \tilde{e}_\theta\tilde{v}_d\left[-\tilde{k}_1\tilde{e}_t\frac{\cos\tilde{e}_\theta - 1}{\tilde{e}_\theta} - \tilde{k}_1\tilde{e}_n\frac{\sin\tilde{e}_\theta}{\tilde{e}_\theta}\right] - \tilde{k}_4\tilde{e}_\theta^2 \\
&\quad + \tilde{e}_v[\dot{\tilde{v}}_d - \tilde{k}_3\tilde{e}_v - \tilde{k}_1[\tilde{e}_t\cos\tilde{e}_\theta - \tilde{e}_n\sin\tilde{e}_\theta] - \dot{\tilde{v}}_d] \\
&= -\tilde{k}_4\tilde{e}_\theta^2 - \tilde{k}_3\tilde{e}_v^2 \leq 0.
\end{aligned}
$$

Um die asymptotische Stabilität nachzuweisen[13], wird erneut vom LaSalle'schen Invarianz-Theorem mit $\tilde{S} = \{[\tilde{e}_t, \tilde{e}_n, \tilde{e}_\theta, \tilde{e}_v] \mid \dot{\tilde{V}} = 0\}$ Gebrauch gemacht. Aus $\dot{\tilde{V}} = 0$ kann $\tilde{e}_\theta \equiv 0$; $\tilde{e}_v \equiv 0$ geschlossen werden, sodass

$$\tilde{e}_v \equiv 0 \Rightarrow \dot{\tilde{v}} = \dot{\tilde{v}}_d \overset{(4.31)}{\Rightarrow} \tilde{e}_t = 0$$

$$\tilde{e}_\theta \equiv 0 \Rightarrow \dot{\tilde{e}}_\theta \equiv 0 \overset{(4.30)}{\Rightarrow} \tilde{e}_n = 0$$

gilt. Somit stellt die Ruhelage $[\tilde{e}_t, \tilde{e}_n, \tilde{e}_\theta, \tilde{e}_v] = 0$ die einzige zeitunveränderliche Lösung in der Menge $\tilde{S}$ dar und ist deshalb asymptotisch stabil.   □

4.2.4.4   Stabilitätsnachweis der Nulldynamik

Da die vorgeschlagene Rückführung (4.30), (4.31) nicht alle Systemzustände stabilisiert (keine Stabilisierung der Orientierung), ist es notwendig, die sog. Nulldynamik [85] des Systems auf Stabilität zu untersuchen, da ansonsten bei einer Destabilisierung der internen Dynamik die Stellgrößen zwangsweise in die Sättigung gehen und die Gültigkeit des Modells verloren geht.

---

[13]Hierbei gilt zu beachten, dass der geschlossene Regelkreis aus (4.26), (4.30) und (4.31) ein autonomes System darstellt und insbesondere nicht durch $\tilde{\beta}$ beeinflusst wird.

Satz 7 (Stabilität der Nulldynamik). *Die Trajektorie der Nulldynamik des Systems (4.26), gegeben durch die interne Dynamik von $\tilde{\beta}(t)$ für den Fall, dass der Trackingfehler entsprechend*

$$\tilde{e}_t \equiv \tilde{e}_n \equiv 0 \tag{4.32}$$

verschwindet, ist beschränkt auf $|\tilde{\beta}| < \frac{3}{4}\pi$ und für die Ausrichtung gilt $\psi(t) \to \psi_d(t)$ für $t \to \infty$, unter der Voraussetzung, dass $v_d > 0$,

$$|\kappa_d(t)| < \frac{1}{\lambda}, \tag{4.33}$$

und $|(\psi(t=0) - \psi_d(t=0))| \leq \frac{\pi}{2}$.

Beweis. Mit (4.32) liefert Gleichung (4.26b) $\tilde{e}_\theta \equiv 0$, sodass sich durch Einsetzen von $\dot{\tilde{\theta}}_d = \tilde{v}_d \tilde{\kappa}_d$ und (4.27) in (4.26c) die Nulldynamik des Systems (zur Unterscheidung mit $()^0$ gekennzeichnet) zu

$$\dot{\tilde{\beta}}^0 = \dot{\tilde{\theta}}_d - \tilde{v}^0 \frac{\sin \tilde{\beta}^0}{\lambda} \tag{4.34}$$

berechnet. Für den Konvergenznachweis der Fahrzeugausrichtung $\psi^0(t)$ wird (4.33) umgeschrieben in $-1 < \lambda \kappa_d < 1$ und die neue Größe

$$e_\psi^0 = \psi^0 - \psi_d = [\tilde{\theta}_d - \tilde{\beta}^0] - \psi_d, \tag{4.35}$$

eingeführt, sodass aus (4.35) mit (4.34) und (4.26a)

$$\begin{aligned}
\dot{e}_\psi^0 &= \dot{\tilde{\theta}}_d - \dot{\tilde{\beta}}^0 - \dot{\psi}_d = \dot{\tilde{\theta}}_d - \left[\dot{\tilde{\theta}}_d - \tilde{v}^0 \frac{\sin \tilde{\beta}^0}{\lambda} \right] - \dot{\psi}_d \\
&= \tilde{v}_d \frac{\sin \tilde{\beta}^0}{\lambda} - v_d \kappa_d = v_d \sqrt{1 + [\lambda \kappa_d]^2} \frac{\sin \tilde{\beta}^0}{\lambda} - v_d \kappa_d \\
&= v_d \sqrt{1 + [\lambda \kappa_d]^2} \frac{\sin(-\psi^0 + \tilde{\theta}_d)}{\lambda} - v_d \kappa_d \\
&= \frac{v_d}{\lambda} \sqrt{1 + [\lambda \kappa_d]^2} \sin(-\psi^0 + \psi_d + \arctan(\lambda \kappa_d)) - v_d \kappa_d \\
&= \frac{v_d}{\lambda} \sqrt{1 + [\lambda \kappa_d]^2} [\sin(-e_\psi^0) \cos(\arctan(\lambda \kappa_d)) \\
&\quad + \cos(-e_\psi^0) \sin(\arctan(\lambda \kappa_d))] - v_d \kappa_d \\
&= \frac{v_d}{\lambda} \sqrt{1 + [\lambda \kappa_d]^2} \left[-\sin e_\psi^0 \frac{1}{\sqrt{1 + ([\lambda \kappa_d]^2}} + \cos e_\psi^0 \frac{\lambda \kappa_d}{\sqrt{1 + [\lambda \kappa_d]^2}} \right] - v_d \kappa_d
\end{aligned}$$

$$= -\frac{v_d}{\lambda} \left[\sin e_\psi^0 - \lambda \kappa_d \cos e_\psi^0 + \lambda \kappa_d \right]$$

$$= -\frac{v_d}{\lambda} \left[\sin e_\psi^0 + \lambda \kappa_d [1 - \cos e_\psi^0] \right] \tag{4.36}$$

folgt, wobei $e_\psi^0 = 0$ die einzig praktisch relevante Ruhelage darstellt. Um Konvergenz nachzuweisen, muss gezeigt werden, dass $[\sin e_\psi^0 + \lambda \kappa_d [1 - \cos e_\psi^0]]$ streng positiv (bzw. negativ)[14] für $0 < e_\psi^0 \leq \frac{\pi}{2}$ (bzw. $-\frac{\pi}{2} \leq e_\psi^0 < 0$) ist. Mit der Krümmungsbeschränkung (4.33) wird geschlussfolgert, dass

$$\sin e_\psi^0 + \lambda \kappa_d [1 - \cos e_\psi^0] \underset{(<)}{\overset{>}{}} \sin e_\psi^0 \underset{(+)}{\overset{-}{}} [1 - \cos e_\psi^0] \underset{(\leq)}{\overset{\geq}{}} 0.$$

Der letzte Schritt kann dadurch verifiziert werden, dass beide Seiten der äquivalenten Ungleichung $\sin e_\psi^0 \overset{+}{\underset{(-)}{}} \cos e_\psi^0 \overset{\geq}{\underset{(\leq)}{}} \overset{+}{\underset{(-)}{}} 1$ quadriert werden, welche wiederum gilt, da $1 \overset{+}{\underset{(-)}{}} \sin(2 e_\psi^0) \geq 1$.

Durch Auflösen der Gleichung (4.35) nach $\tilde{\beta}^0$ ergibt sich schließlich mit (4.22), dass

$$|\tilde{\beta}^0| = |-e_\psi^0 - \arctan(\lambda \kappa_d)| < \frac{\pi}{2} + \frac{\pi}{4} = \frac{3}{4}\pi.$$

$\square$

Offensichtlich ist die Ruhelage $e_\psi^0 = 0$ instabil, wenn v_d negativ wird. Das wird anschaulich auch als Taschenmessereffekt (engl. *jack-knife effect*) bezeichnet, da der Orientierungsfehler bei Rückwärtsfahrt schnell ansteigt, wodurch der Einsatz des Reglers auf die Vorwärtsfahrt beschränkt bleibt.

Da alle zur Stabilisierung erforderlichen Gleichungen vorhanden sind, kann der asymptotisch stabile Regelkreis entsprechend Abb. 4.6 geschlossen werden.

Bemerkung 7. Die Einschränkung $|\tilde{\beta}| < \frac{3}{4}$ stellt einen „Schönheitsfehler" in Theorem 3 dar, weil hierdurch in Verbindung mit der Regelung (4.30),(4.31) nicht ausgeschlossen ist, dass die zur Stabilisierung geforderte restriktivere Beschränkung $|\tilde{\beta}| < \frac{1}{2}$ zwar anfänglich eingehalten, aber durch große Krümmungen überschritten wird. Dieser Sachverhalt, wie auch die restlichen Restriktionen für δ, e_ψ und κ_d, sind allerdings für den praktischen Einsatz belanglos: Aus der letzten Gleichung von (4.25) kann abgeleitet werden, dass $|\tilde{\beta}| < \frac{\pi}{2}$ mit $|\delta| < \frac{\pi}{2}$ äquivalent ist. Aufgrund der Lenkwinkelbeschränkung des Fahrzeugs werden sie zwangsweise eingehalten. Darüber hinaus können Kurswinkelfehler $|e_\psi| > \frac{\pi}{2}$ und Lenkwinkelsättigung auf Planungsebene durch Reinitialisierung (s. Abschn. 4.5) verhindert werden. Da hierbei die Lenkwinkelbeschränkung berücksichtigt wird, stellt (4.33) ebenfalls keine zusätzliche Einschränkung dar.

---

[14]Der negative Fall wird zur kompakten Darstellung im Folgenden in Klammern gesetzt.

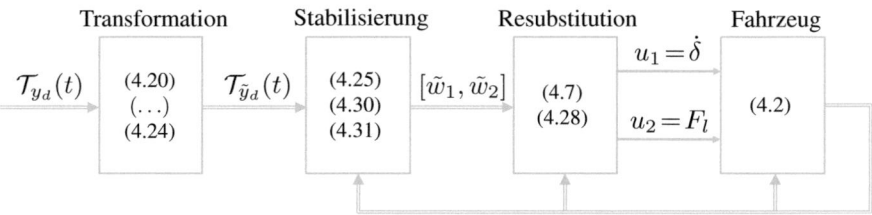

Abbildung 4.6: Vereinfachte Übersichtsdarstellung des geschlossenen Regelkreises ohne Orientierungsstabilisierung mit vorgeschalteter statischer Sollgrößentransformation

4.2.5 Strukturelle Systembetrachtung der Regelkreise

Zur vereinfachten Interpretation der sich mit dem jeweiligen Regler ergebenden Gesamtdynamik wird für kleine Krümmungswerte κ_d und $\tilde{\kappa}_d$ um die Ruhelage $e_t = e_n = 0$ bzw. $\tilde{e}_t = \tilde{e}_n = 0$ linearisiert. Für die Regelung mit Orientierungsstabilisierung wird hierdurch mit (4.19) und (4.17) die Lenkdynamik $\dot{e}_\delta = -k_4 e_\delta - e_\psi v$ erhalten. Da die Lenkwinkelmessung generell wenig verrauscht ist, kann k_4 (und später auch $\tilde{k}_4$) im Vergleich sehr viel größer als die anderen Reglerparameter gewählt werden, sodass $e_\delta = 0$ in guter Näherung die Ruhelage darstellt und sich $\kappa_\delta(t) \approx \xi_1(t)$ nach kurzer Zeit einstellt. Mit $\frac{d}{dt}(\cdot) = \frac{ds}{dt}\frac{d}{ds}(\cdot) = \frac{1}{v}(\cdot)'$ werden hierdurch die entkoppelten linearen Gleichungen

$$\ddot{e}_t = -k_3\dot{e}_t - k_1 e_t \quad \text{und} \quad e_n'' = -k_2 e_n' - k_1 e_n \tag{4.37}$$

erhalten.

Im Unterschied hierzu liefert dieselbe Vorgehensweise beim durch den Regler ohne Orientierungsstabilisierung geschlossenen Regelkreises mit der abkürzenden Schreibweise $\frac{d}{d\tilde{s}}(\cdot) = (\cdot)'$, dass

$$\ddot{\tilde{e}}_t = -\tilde{k}_3\dot{\tilde{e}}_t - \tilde{k}_1\tilde{e}_t \quad \text{und} \quad \tilde{e}_n'' = -\frac{\tilde{k}_4}{\tilde{v}}\tilde{e}_n' - \tilde{k}_1\tilde{e}_n, \tag{4.38}$$

wie auch mit (4.36) die linearisierte Nulldynamik $e_\psi' = -\frac{1}{\lambda}e_\psi$. Unter Einbeziehung dieser Differentialgleichungen lassen sich die Reglerparameter sehr viel einfacher mittels linearer Methoden interpretieren und einstellen, sodass beispielsweise über eine Polvorgabe die überkritische Dämpfung aller vier Differentialgleichungen, zur Vermeidung von Überschwingen, in Kap. 5 sichergestellt werden kann.

Wie der Vergleich aus (4.37) und (4.38) zeigt, ist in der Querdynamik bei der Regelung ohne Orientierungsstabilisierung ein Eigenwert sehr viel schneller als der entsprechende bei der mit Orientierungsstabilisierung, da $\tilde{k}_4/\tilde{v} < k_2$ für den interessanten Geschwindigkeitsbereich gilt. Wie der direkte Vergleich in Abschn. 5.2 zeigen wird, eignet sich der erstgenannte hierdurch besser für die Vorwärtsfahrt, wodurch sich der Einsatz letztgenannten Reglers auf die Rückwärtsfahrt beschränkt, da in dem Fahrmodus eine Orientierungsstabilisierung unverzichtbar ist.

4.3 Herleitung der Low-level-Stabilisierung für schnelle Fahrt

4.3.1 Dynamisches Einspurmodell

Unter der vereinfachenden Annahme eines Fahrzeugschwerpunkts in Höhe einer ebenen Fahrbahn treten keine beschleunigungsbedingten dynamischen Radlasten auf, sodass die Entstehung der Reifenkräfte einer jeweiligen Achse entsprechend Abb. 4.7 einem virtuellen, fahrzeugmittigen Rad zugeschrieben werden kann [89], was dem dynamischen Einspurmodell seinen Namen gibt. Während die Ausrichtung ψ, die Drehrate r, der Schwimmwinkel β und die Absolutgeschwindigkeit v im Schwerpunkt dessen Fahrzeugsystemzustände darstellen, bezeichnen J das Giertägheitsmoment, l_v und l_h die Vorder- und Hinterachsabstände zum Schwerpunkt und F_{vq}, F_{hq}, F_{vl} und F_{hl} die im nächsten Abschnitt noch genauer spezifizierten Seiten- und Längskräfte der zusammengeführten Räder der Vorder- und Hinterachse.

Modell 4 (Klassisches DESM). Die Fahrzeugdynamik bei mittlerer bis hoher Geschwindigkeit wird entsprechend den Bezeichnern in Abb. 4.7 durch $\dot{\boldsymbol{x}} = \boldsymbol{f}(\boldsymbol{x}, \boldsymbol{u})$ mit $\boldsymbol{x}^{\mathrm{T}} = [x_1, x_2, \psi, r, \beta, v]$ und

$$\boldsymbol{f} = \begin{bmatrix} v\cos(\psi+\beta) \\ v\sin(\psi+\beta) \\ r \\ \dfrac{-F_{hq}(\boldsymbol{x},\boldsymbol{u})l_h + F_{vq}(\boldsymbol{x},\boldsymbol{u})l_v\cos\delta + F_{vl}l_v\sin\delta}{J} \\ -r + \dfrac{F_{vq}(\boldsymbol{x},\boldsymbol{u})\cos(\delta-\beta) + F_{vl}\sin(\delta-\beta) + F_{hq}(\boldsymbol{x},\boldsymbol{u})\cos\beta - F_{hl}\sin\beta}{mv} \\ \dfrac{-F_{vq}(\boldsymbol{x},\boldsymbol{u})\sin(\delta-\beta) + F_{vl}\cos(\delta-\beta) + F_{hq}(\boldsymbol{x},\boldsymbol{u})\sin\beta + F_{hl}\cos\beta}{m} \end{bmatrix} \tag{4.39}$$

sowie

$$\begin{bmatrix} F_{vl} & F_{hl} \end{bmatrix} = \begin{bmatrix} \gamma, & (1-\gamma) \end{bmatrix} u_2$$

beschrieben. Als Eingang dient $u_1 = \delta$ und $u_2 = F_l$.

Die *Herleitung* erfolgt durch Kräfte- und Momentenbilanz im und um den Fahrzeugschwerpunkt und kann [24] entnommen werden.

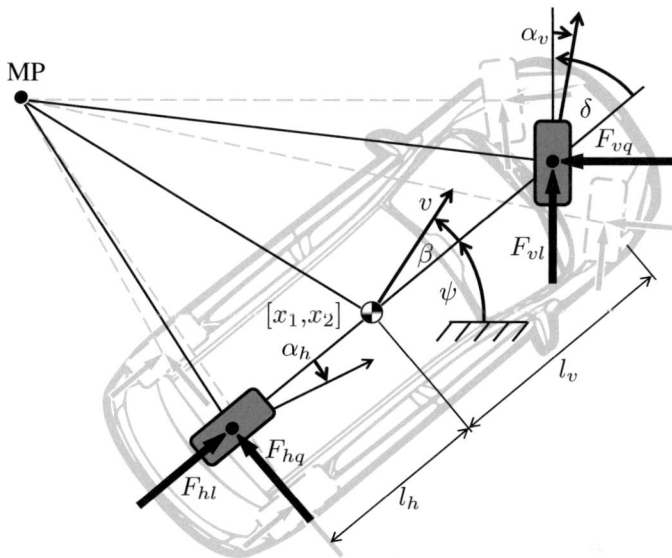

Abbildung 4.7: Dynamisches Einspurmodell mit Reifenkräften und Momentanpol der Fahrzeugbewegung

4.3.2 Angepasste Reifenmodellierung

Da die Reifenkräfte, wie aus (4.39) ersichtlich, ganz erheblich die Fahrdynamik des Fahrzeugs bestimmen, muss ihnen bei der Modellierung besondere Aufmerksamkeit geschenkt werden. Das Problem hierbei ist jedoch, dass eine exakte Reifencharakteristiknachbildung kaum möglich ist, da viele, oft zeitveränderliche Faktoren, wie Temperatur, Reifenalter etc. einfließen, denen im Online-Betrieb aufgrund mangelnder Messinformation nicht Rechnung getragen werden kann. Aus diesem Grund muss auf ein möglichst einfaches Modell zurückgegriffen werden, welches dennoch das Sättigungsverhalten der Reifen für die Zwecke der Regelung hinreichend genau beschreibt.

Eine schnell zu berechnende Minimalrealisierung stellt hierfür das stationäre[15] Pacejka Reifenmodell [62] in Kombination mit der Annahme eines isotropen Reifenverhaltens [61] dar. Hierbei wird der vektorielle Schlupf $s^{\mathrm{T}} = [s_l, s_q]$ eingeführt, der den auf die Absolutreifenbewegung normierten Geschwindigkeitsdifferenzvektor zwischen Reifenmantel und Fahrbahn in der Auftrittsfläche beschreibt. Die Reifenkraft $F^{\mathrm{T}} = [F_l, F_q]$ wird genau in Richtung des Schlupfes angenommen, sodass sich mit der sog. *magic tyre formula* der Zusammenhang

$$F = A \sin \left(B \arctan \left(C \| s \| \right) \right) \frac{1}{\| s \|} s \tag{4.40}$$

ergibt, wobei A, B und C spezifische Werte für die Reifen-Fahrbahn-Paarung darstellen. Für den Reifenkraftaufbau ist dem Modell nach allein der sich aus Orientierung, Bewegung und Drehzahl des Reifens ergebende Schlupf $\| s \|$ entsprechend Abb. 4.8(a), unabhängig seiner Orientierung (isotrop) zum Reifen, ausschlaggebend.
Im Gegensatz zum um $s = 0$ linearisierten Modell

$$\begin{bmatrix} F_l \\ F_q \end{bmatrix} = ABC \begin{bmatrix} s_l \\ s_q \end{bmatrix} = c \begin{bmatrix} s_l \\ s_q \end{bmatrix}, \tag{4.41}$$

bei dem offensichtlich keine gegenseitige Beeinflussung der Längs- und Querreifenkräfte auftritt, wird in (4.40) die seitenschlupfbedingte Querkraft entsprechend Abb. 4.8(b) durch Längskräfte abgeschwächt[16]. Eine geschlossene Darstellung des Zusammenhangs $F_q = F_q(s_q, s_l(F_l)) = F_q(s_q, F_l)$ existiert zwar nicht, der funktionale Zusammenhang kann jedoch numerisch gefunden werden. Hierzu wird zur Vermeidung einer zweidimensionalen Nullstellensuche für das Gleichungssystem (4.40) zunächst durch beidseitige Betragsbildung

$$\| F \| = A \sin \left(B \arctan \left(C \| s \| \right) \right) \tag{4.42}$$

erhalten, sodass Auflösen nach $\| s \|$ und Erweiterung mit dem Einheitsvektor $\frac{F}{\| F \|} = \frac{s}{\| s \|}$ auf der jeweiligen Seite

$$s = \frac{1}{C} \tan \left(\frac{1}{B} \arcsin \left(\frac{\| F \|}{A} \right) \right) \frac{1}{\| F \|} F$$

liefert, und zur Bestimmung von $F_q(s_q, F_l)$ lediglich die Nullstelle von

$$g(F_q) := \frac{1}{C} \tan \left(\frac{1}{B} \arcsin \left(\frac{\sqrt{F_q^2 + F_l^2}}{A} \right) \right) \frac{F_q}{\sqrt{F_q^2 + F_l^2}} - s_q \tag{4.43}$$

---

[15]unter Vernachlässigung dynamischer Effekte wie Reifeneinlauflängen etc.
[16]Die Neigung von Heck- und Fronttrieblern zum Über- bzw. Untersteuern ist auf genau diesen Effekt zurückzuführen.

numerisch gefunden werden muss. Sie existiert, solange (4.40) erfüllbar ist, die Reifensättigung also noch nicht erreicht wird. Die hierfür erforderliche Berechnung des Querschlupfes erfolgt über den einfachen Zusammenhang [10]

$$s_q = \sin\alpha, \tag{4.44}$$

wobei α den Schräglaufwinkel [24] des jeweiligen Rades bezeichnet, also entsprechend Abb. 4.7

$$\alpha_v = \delta - \arctan\left(\frac{l_v r + v\sin\beta}{v\cos\beta}\right), \quad \alpha_h = \arctan\left(\frac{l_h r - v\sin\beta}{v\cos\beta}\right). \tag{4.45}$$

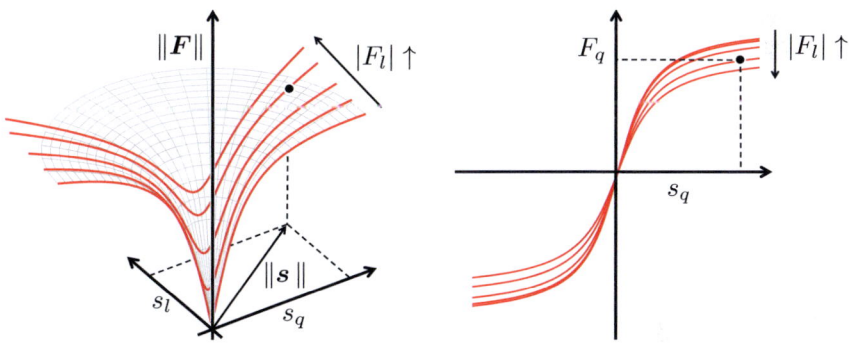

(a) Isotropes Pacejka Reifenmodell   (b) Umfangskraftabhängige   Seitenkraftkennlinien

Abbildung 4.8: Darstellung der Beeinflussung von Längs- und Querkraft im nichtlinearen isotropen Reifenmodell aufgrund des beschränkten Reifenkraftpotentials

4.3.3   Tracking auf Basis der exakten E/A-Linearisierung

Im Gegensatz zum Lyapunov-basierten Vorgehen, bietet die exakte E/A-Linearisierung [43], welche in diesem Abschnitt ihren Einsatz findet, den Vorteil, dass die auch hier erforderlichen Zustandstransformationen implizit erfolgen und der Regler in den Originalkoordinaten darstellbar ist [40]. Extrem längliche Ausdrücke, hervorgerufen durch die gegenüber des KESM gesteigerten Systemkomplexität des DESM, werden dadurch vermieden. Des Weiteren können Hilfsvariablen eingeführt werden, welche die Darstellung und Interpretation der Formeln weiter vereinfachen, jedoch nicht mit den zuvor erwähnten Zustandstransformationen verwechselt werden dürfen.

Da, wie in Abschn. 3.5.4 erklärt, bei mittlerer bis hoher Geschwindigkeit die Solltrajektorie für den Fahrzeugschwerpunkt berechnet wird und damit i. A. nicht mit der noch einzuführenden Regelgröße übereinstimmt (s. später (4.46)), muss in ähnlicher Weise wie schon bei der Regelung des KESM ohne Orientierungsstabilisierung, wenn auch mit erheblich größerem Aufwand, die Solltrajektorie des Schwerpunkts für die Fahrzeugreferenz entsprechend Abb. 4.9 im Abstand λ davor umgerechnet werden. Da die Berechnung auf Ergebnisse der exakten E/A-Linearisierung aufbaut, erfolgt der Schritt erst in Abschn. 4.3.3.4.

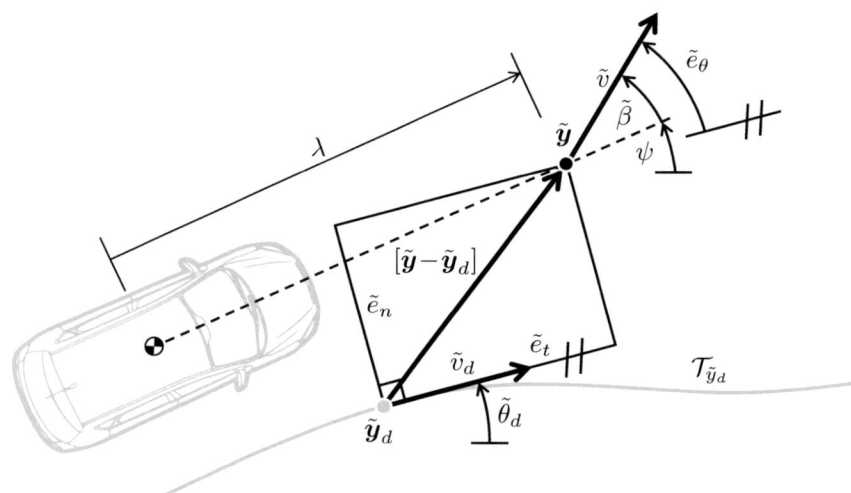

Abbildung 4.9: Definition der skalaren, invarianten Trackingfehler des vorgelagerten Fahrzeugreferenzpunkts

4.3.3.1 Exakte E/A-Linearisierbarkeit des DESM

Als Streckenausgang wird

$$\begin{bmatrix} \tilde{y}_1 \\ \tilde{y}_2 \end{bmatrix} = \begin{bmatrix} x_1 \\ x_2 \end{bmatrix} + \lambda \begin{bmatrix} \cos \psi \\ \sin \psi \end{bmatrix} \tag{4.46}$$

verwendet, was erneut der Position eines fahrzeugfesten Referenzpunkts, diesmal im Abstand λ vor dem Schwerpunkt, darstellt. Im Folgenden beziehen sich alle

Systemvariablen mit $\tilde{()}$ auf diesen Punkt, und solche ohne auf den des Schwerpunkts mit $\lambda = 0$. Zur kompakten Darstellung der häufig auftretender Terme, welche Ableitungen der Solltrajektorie $\tilde{\boldsymbol{y}}_d(t)$ beinhalten, werden des Weiteren die Abkürzungen

$$\tilde{v}_d := \sqrt{\dot{\tilde{y}}_{d1}^2 + \dot{\tilde{y}}_{d2}^2}, \quad \tilde{\theta}_d := \text{atan2}\left(\dot{\tilde{y}}_{d2}, \dot{\tilde{y}}_{d1}\right), \quad \tilde{\kappa}_d := \frac{\dot{\tilde{\theta}}_d}{\tilde{v}_d}$$

entsprechend Abb. 4.9 eingeführt (s. auch Kap. 3). Damit kann folgender Satz aufgestellt werden:

Satz 8 (E/A-Linearisierbarkeit des DESM). *Das Einspurmodell* (4.39) *ist bezüglich des invarianten Systemausgangs, dem Trackingfehler in den Frenet-Koordinaten der transformierten Solltrajektorie* $\mathcal{T}_{\tilde{y}_d}(t)$*, gegeben durch*

$$\begin{bmatrix} \tilde{e}_t(\boldsymbol{x}) \\ \tilde{e}_n(\boldsymbol{x}) \end{bmatrix} := \begin{bmatrix} \cos\tilde{\theta}_d & \sin\tilde{\theta}_d \\ -\sin\tilde{\theta}_d & \cos\tilde{\theta}_d \end{bmatrix} \begin{bmatrix} \tilde{y}_1 - \tilde{y}_{1d} \\ \tilde{y}_2 - \tilde{y}_{2d} \end{bmatrix}, \tag{4.48}$$

für $v \neq 0$ *durch statische Zustandsrückführung mit relativem Grad* $[\rho_1, \rho_2] = [2, 2]$*, unter der Einschränkung, dass für die eingesetzten Reifenmodelle* $F_{vq}(\boldsymbol{x}, \boldsymbol{u})$ *und* $F_{hq}(\boldsymbol{x}, \boldsymbol{u})$

$$\det\left(\frac{\partial}{\partial \boldsymbol{u}} \begin{bmatrix} [\mathcal{L}_f^2 \tilde{e}_t](\boldsymbol{x}, \boldsymbol{u}) \\ [\mathcal{L}_f^2 \tilde{e}_n](\boldsymbol{x}, \boldsymbol{u}) \end{bmatrix}\right) \neq 0 \tag{4.49}$$

gilt, lokal e/a-linearisierbar.

Beweis. Bevor mit dem für die exakte E/A-Linearisierung typischen Zeitableiten des Ausgangs begonnen wird, werden zur übersichtlichen Darstellungen zunächst die eingangs angekündigten Hilfsgrößen mit den Bezeichnern $\tilde{\beta}$, $\tilde{v}$ und $\tilde{e}_\theta$ eingeführt, welche eine anschauliche Interpretation entsprechend Abb. 4.9 als Schwimmwinkel, Absolutgeschwindigkeit und Kurswinkelfehler in $\tilde{\boldsymbol{y}}$ besitzen. Aufgrund der Starrkörperkopplung zwischen Schwerpunkt und Referenzpunkt ergeben sich die Zusammenhänge

$$\tan\tilde{\beta} = \frac{\lambda r}{v \cos\beta} + \tan\beta \tag{4.50}$$

$$\tilde{v}\cos\tilde{\beta} = v\cos\beta, \tag{4.51}$$

ersterer analog zu den Schräglaufwinkeldefinitionen (4.45), wodurch Auflösen nach den Hilfsgrößen (zzgl. $\tilde{e}_\theta$) den jeweils zu ersetzenden Term

$$\tilde{\beta} := \arctan\left(\frac{\lambda r}{v\cos\beta} + \tan\beta\right) \tag{4.52}$$

$$\tilde{v} := v\frac{\cos\beta}{\cos\tilde{\beta}} \tag{4.53}$$

$$\tilde{e}_\theta := \tilde{\theta} - \tilde{\theta}_d = \psi + \tilde{\beta} - \tilde{\theta}_d \tag{4.54}$$

ergibt. Da des Weiteren deren Ableitungen benötigt werden, muss die Differentiation von (4.50), (4.51) und (4.54) nach der Zeit durchgeführt werden, was nach Umformung

$$\dot{\tilde{\beta}} := \frac{\cos^2\tilde{\beta}}{\cos^2\beta}\left[\dot{\beta} + \frac{\lambda}{v^2}\left[\dot{r}v\cos\beta - r[\dot{v}\cos\beta - v\dot{\beta}\sin\beta]\right]\right] \tag{4.55}$$

$$\dot{\tilde{v}} := \frac{1}{\cos\tilde{\beta}}\left[\dot{v}\cos\beta - v\dot{\beta}\sin\beta + \tilde{v}\dot{\tilde{\beta}}\sin\tilde{\beta}\right] \tag{4.56}$$

$$\dot{\tilde{e}}_\theta := r + \dot{\tilde{\beta}} - \dot{\tilde{\theta}}_d = r + \dot{\tilde{\beta}} - \tilde{v}_d\tilde{\kappa}_d \tag{4.57}$$

liefert.

Entsprechend der Vorgehensweise der exakten E/A-Linearisierung wird die Ausgangsabbildung $[\tilde{e}_t, \tilde{e}_n]^{\mathrm{T}}$ nun so oft nach der Zeit differenziert, bis der Eingang in der Ableitung auftaucht. Analog zu (4.10a) und (4.10b) wird im ersten Schritt

$$\dot{\tilde{e}}_t = [\mathcal{L}_f\tilde{e}_t](\boldsymbol{x}) = \tilde{v}\cos\tilde{e}_\theta - \tilde{v}_d[1 - \tilde{\kappa}_d\tilde{e}_n] \tag{4.58}$$

$$\dot{\tilde{e}}_n = [\mathcal{L}_f\tilde{e}_n](\boldsymbol{x}) = \tilde{v}\sin\tilde{e}_\theta - \tilde{v}_d\tilde{\kappa}_d\tilde{e}_t \tag{4.59}$$

erhalten. Erneutes Differenzieren liefert

$$\ddot{\tilde{e}}_t = [\mathcal{L}_f^2\tilde{e}_t](\boldsymbol{x},\boldsymbol{u}) = \dot{\tilde{v}}\cos\tilde{e}_\theta - \tilde{v}\dot{\tilde{e}}_\theta\sin\tilde{e}_\theta - \dot{\tilde{v}}_d[1 - \tilde{\kappa}_d\tilde{e}_n] + \tilde{v}_d[\dot{\tilde{\kappa}}_d\tilde{e}_n + \tilde{\kappa}_d\dot{\tilde{e}}_n]$$

$$\ddot{\tilde{e}}_n = [\mathcal{L}_f^2\tilde{e}_n](\boldsymbol{x},\boldsymbol{u}) = \dot{\tilde{v}}\sin\tilde{e}_\theta + \tilde{v}\dot{\tilde{e}}_\theta\cos\tilde{e}_\theta - \dot{\tilde{v}}_d\tilde{\kappa}_d\tilde{e}_t - \tilde{v}_d[\dot{\tilde{\kappa}}_d\tilde{e}_t + \tilde{\kappa}_d\dot{\tilde{e}}_t],$$

wodurch über $\dot{\tilde{v}} = \dot{\tilde{v}}(\dot{v}(\boldsymbol{x},\boldsymbol{u}), \dot{\beta}(\boldsymbol{x},\boldsymbol{u}))$ und $\dot{\tilde{e}}_\theta = \dot{\tilde{e}}_\theta(\dot{\tilde{\beta}}(\dot{\beta}(\boldsymbol{x},\boldsymbol{u}), \dot{v}(\boldsymbol{x},\boldsymbol{u}))$ der Systemeingang zum ersten Mal in beiden Ableitungskomponenten des Ausgangs erscheint und der relative Grad $[2,2]$ ist. Die linearisierende Zustandsrückführung mit dem neuen Eingang $\tilde{\boldsymbol{w}}^{\mathrm{T}} := [\ddot{\tilde{e}}_n, \ddot{\tilde{e}}_t]$ kann dann, wie der Satz über implizite Funktionen in Kombination mit (4.49) sicherstellt, als die (lokale) Lösung von

$$[\mathcal{L}_f^2\tilde{e}_t](\boldsymbol{x},\boldsymbol{u}) = \tilde{w}_2, \quad [\mathcal{L}_f^2\tilde{e}_n](\boldsymbol{x},\boldsymbol{u}) = \tilde{w}_1 \tag{4.60}$$

erhalten werden. Mit der Zustandstransformation

$$[\tilde{z}_{t1}, \tilde{z}_{t2}, \tilde{z}_{n1}, \tilde{z}_{n2}] := [\,\tilde{e}_t(\boldsymbol{x}), [\mathcal{L}_f\tilde{e}_t](\boldsymbol{x}), \tilde{e}_n(\boldsymbol{x}), [\mathcal{L}_f\tilde{e}_n](\boldsymbol{x})\,] \qquad (4.61)$$

ergeben sich hierdurch die beiden entkoppelten, linearen Teilsysteme

$$\dot{\tilde{z}}_t = \begin{bmatrix} 0 & 1 \\ 0 & 0 \end{bmatrix} \tilde{z}_t + \begin{bmatrix} 0 \\ 1 \end{bmatrix} \tilde{w}_2 \quad \text{und} \quad \dot{\tilde{z}}_n = \begin{bmatrix} 0 & 1 \\ 0 & 0 \end{bmatrix} \tilde{z}_n + \begin{bmatrix} 0 \\ 1 \end{bmatrix} \tilde{w}_1 \qquad (4.62)$$

□

Bemerkung 8. Die Berechnung der Punktgrößen zur Lösung von (4.60) erfolgt nicht durch numerische Zeitableitung, sondern durch Auswertung von (4.39).

Bemerkung 9. Ob die Bedingung (4.49) von dem in Abschn. 4.3.2 eingeführten Reifenmodell für den gesamten Einsatzbereich erfüllt wird, ist aufgrund seiner Quer-längs-Kopplung, selbst bei Linearisierung um die Solltrajektorie, schwer zu überprüfen. Gleichung (4.49) stellt jedoch eine notwendige Bedingung für die Konvergenz der in Kap. 5 zur Lösung von (4.60) eingesetzten zweidimensionalen Newton-Nullstellensuche [66] dar. Für die Vielzahl von simulierten wie realen Fahrversuchen konnten allerdings keine Konvergenzprobleme, die nicht unmittelbar mit Reifensättigung in Verbindung zu bringen waren, festgestellt werden. Für den praktischen Einsatz ist vielmehr dieses Sättigungsverhalten von Bedeutung, welches in Satz 8 durch den Zusatz „lokal" ausgeklammert wird. Mit Hilfe der in Abschn. 3.5.4 beschriebenen Abschätzung (Kammscher Kreis) und einer Neuplanungsstrategie bei Reifensättigung kann das Phänomen jedoch ausgeschlossen werden[17].

4.3.3.2 Stabilitätsnachweis der Nulldynamik

Da im Gegensatz zur exakten Zustandslinearisierung die exakte E/A-Linearisierung nicht alle Systemzustände erfasst ($\rho_1 + \rho_2 = 4 < 6 = \dim(\boldsymbol{x})$), ist es erforderlich, für die durch eine Rückführung unbeeinflussbare interne Systemdynamik Stabilität nachzuweisen. Für die Praxis reicht es hierfür aus, die Minimalphasigkeit der Strecke zu zeigen.

Im Unterschied zu Abschn. 4.2.4.4 bereitet die implizite Formulierung der Rückführung (4.60) Schwierigkeiten bei der Untersuchung der Nulldynamik. Da jedoch

---

[17]Zur Vermeidung numerischer Probleme bei Reifensättigung während der Testphase bewährt sich die Multiplikation der Reifencharakteristik mit dem Faktor $[1 + \tan(\frac{\pi}{2}[\|\boldsymbol{s}\|/s_{\max}]^n)]$ mit $n \gg 1$ und $s_{\max} := \|\text{maxarg}(\|\boldsymbol{F}(\boldsymbol{s})\|)\|$. Dieser sorgt für eine vertikale Asymptote im Maximum der Reifencharakteristik, sodass in jedem Fall invertiert werden kann. Im Sättigungsfall wird darüber hinaus der Lenkwinkel zum Querkraftoptimum berechnet.

für die Referenzpunktwahl in Abschn. 4.3.3.3 deren Näherung ausreicht, wird sich in der anschließenden Stabilitätsuntersuchung eines Sonderfalls begnügt, der unbeschleunigten Fahrt entlang einer Geraden.

Satz 9 (Minimalphasigkeit des DESM). *Die um die unbeschleunigte Geradeausfahrt mit $v > 0$ linearisierte Nulldynamik ist für $\lambda > \max\left(-l_h, -J/[l_v m]\right)$ stabil.*

Beweis. Die geradlinige, unbeschleunigte Solltrajektorie sei durch

$$\left[\tilde{y}_{1d}(t),\ \tilde{y}_{2d}(t)\right] = \left[\tilde{y}_{1d0},\ \tilde{y}_{2d0}\right] + \tilde{v}_d t \left[\cos\tilde{\theta}_d,\ \sin\tilde{\theta}_d\right]$$

gegeben. Linearisieren um die Zustandstrajektorie

$$
\begin{aligned}
x_{1d}(t) &= [\tilde{y}_{1d0} - \lambda\cos\tilde{\theta}_d] + \tilde{v}_d t \cos\tilde{\theta}_d \\
x_{2d}(t) &= [\tilde{y}_{2d0} - \lambda\sin\tilde{\theta}_d] + \tilde{v}_d t \sin\tilde{\theta}_d \\
\psi_d(t) &= \tilde{\theta}_d \\
\beta_d(t) &= 0 \\
r_d(t) &= 0 \\
v_d(t) &= \tilde{v}_d,
\end{aligned}
\tag{4.63}
$$

$\boldsymbol{u}_d(t) = 0$, welche (4.39) erfüllt und bzgl. derer Stabilität gezeigt wird, liefert mit $\Delta\boldsymbol{x} := \boldsymbol{x} - \boldsymbol{x}_d = [\Delta x_1, \Delta x_2, \Delta\psi, \Delta r, \Delta\beta, \Delta v]^{\mathrm{T}}$ und $\Delta\boldsymbol{u} := \boldsymbol{u} - \boldsymbol{u}_d$ und den Seitensteifigkeiten $c_v = A_v B_v C_v,\ c_h = A_h B_h C_h$ das System

$$
\Delta\dot{\boldsymbol{x}} = \begin{bmatrix}
0 & 0 & -\tilde{v}_d\sin\tilde{\theta}_d & 0 & -\tilde{v}_d\sin\tilde{\theta}_d & \cos\tilde{\theta}_d \\
0 & 0 & \tilde{v}_d\cos\tilde{\theta}_d & 0 & \tilde{v}_d\cos\tilde{\theta}_d & \sin\tilde{\theta}_d \\
0 & 0 & 0 & 1 & 0 & 0 \\
0 & 0 & 0 & -\frac{c_v l_v^2 + c_h l_h^2}{J\tilde{v}_d} & \frac{c_h l_h - c_v l_v}{J} & 0 \\
0 & 0 & 0 & \frac{c_h l_h - c_v l_v}{m\tilde{v}_d^2} - 1 & -\frac{c_v + c_h}{m\tilde{v}_d} & 0 \\
0 & 0 & 0 & 0 & 0 & 0
\end{bmatrix} \Delta\boldsymbol{x} + \begin{bmatrix}
0 & 0 \\
0 & 0 \\
0 & 0 \\
\frac{c_v l_v}{J} & 0 \\
\frac{c_v}{m\tilde{v}_d} & 0 \\
0 & \frac{1}{m}
\end{bmatrix} \Delta\boldsymbol{u}.
$$

$$\tag{4.64}$$

Darüber hinaus ergibt die Linearisierung von (4.52) mit $\Delta\tilde{\beta} := \tilde{\beta} - \tilde{\beta}_d$ und (4.63) den Zusammenhang

$$\Delta\tilde{\beta} = \frac{\lambda}{v}\Delta r + \Delta\beta. \tag{4.65}$$

Durch Ausgangsnullung [85] (zur Unterscheidung wieder mit $()^0$ gekennzeichnet) $[\tilde{e}_t^0, \tilde{e}_n^0]^{\mathrm{T}} \equiv \boldsymbol{0}$ gilt $\dot{\tilde{e}}_t^0 \equiv \dot{\tilde{e}}_n^0 \equiv 0$, sodass (4.59) $\tilde{e}_\theta^0 \equiv 0$ und damit (4.58) $\tilde{v}^0 = \tilde{v}_d$

liefert. Linearisierung von (4.53) führt zunächst zu $\tilde{v} = v$, sodass auch $v^0 = \tilde{v}_d$ und mit (4.63) $v = v_d$ gilt. Durch $\tilde{e}_\theta^0 \equiv 0$ folgt auch mit (4.54), dass $\Delta\tilde{\beta}^0 = -\Delta\psi^0$. Das in (4.65) einsetzen, liefert nach Auflösen

$$\Delta\beta^0 = -\Delta\psi^0 - \frac{\lambda}{v_d}\Delta r^0, \tag{4.66}$$

bzw. nach Differentiation

$$\Delta\dot{\beta}^0 = -\Delta r^0 - \frac{\lambda}{v_d}\Delta\dot{r}^0.$$

Wird letztere Gleichung von der fünften Zeile von (4.64) abgezogen, dann ergibt sich nach Erweiterung mit $\frac{l_v m v_d}{J}$

$$0 = \frac{c_v l_v}{J}\left[\Delta u_1^0 - \frac{l_v}{v_d}\Delta r^0 - \Delta\beta^0\right] + \frac{l_v\lambda m}{J}\Delta\dot{r}^0 + \frac{c_h l_v}{J}\left[\frac{l_h}{v_d}\Delta r^0 - \Delta\beta^0\right].$$

Das wiederum von der vierten Zeile von (4.64) abgezogen liefert

$$\Delta\dot{r}^0 = \frac{c_h[l_v + l_h]}{J}\Delta\beta^0 - \frac{c_h l_h[l_h + l_v]}{J v_d}\Delta r^0 + \frac{l_v\lambda m}{J}\Delta\dot{r}^0,$$

was nach Auflösen zu

$$\Delta\dot{r}^0 = -\frac{c_h[l_v + l_h]}{J + \lambda l_v m}\left[\frac{l_h}{v_d}\Delta r^0 - \Delta\beta^0\right]$$

führt. Mit (4.66) lässt sich die Nulldynamik dann durch

$$\begin{bmatrix} \Delta\dot{\psi}^0 \\ \Delta\dot{r}^0 \end{bmatrix} = \begin{bmatrix} 0 & 1 \\ -p_0 & -p_1 \end{bmatrix}\begin{bmatrix} \Delta\psi^0 \\ \Delta r^0 \end{bmatrix} \tag{4.67}$$

mit

$$p_0 = \frac{c_h[l_v + l_h]}{J + \lambda l_v m}, \qquad p_1 = \frac{c_h[l_v + l_h][\lambda + l_h]}{v_d[J + \lambda l_v m]}$$

beschreiben. Für $\lambda > \max(-l_h, -J/[l_v m])$ ist $p_0, p_1 > 0$ und damit (4.67) stabil. □

4.3.3.3 Stabilisierende Rückführung

Die Stabilisierung der exakt e/a-linearisierten Teilstrecke (4.62) kann nun standardmäßig durch

$$\tilde{w}_1 = -k_{n1}z_{n1} - k_{n2}z_{n2} \tag{4.68}$$

$$\tilde{w}_2 = -k_{t1}z_{t1} - k_{t2}z_{t2} \tag{4.69}$$

mit $k_{t1}, k_{t2}, k_{n1}, k_{n2} > 0$ erfolgen. Wie im vorherigen Abschnitt nachgewiesen wurde, ist die linearisierte Nulldynamik (4.67) für $\lambda > \max(-l_h, -J/[l_v m])$ zwar stabil, die Betrachtung des Dämpfungsgrades

$$\zeta := \frac{p_1}{2\sqrt{p_0}} = \frac{\lambda + l_h}{2v_d} \sqrt{\frac{c_h[l_v + l_h]}{J + \lambda l_v m}}$$

offenbart jedoch, dass er mit zunehmender Geschwindigkeit abnimmt. In Kombination mit den im Modell vernachlässigten Streckendynamiken kann das destabilisierend wirken, sodass der verbleibende, zuvor bewusst eingeführte Freiheitsgrad λ, wie bereits in [44] im Rahmen der Bahnstabilisierung vorgeschlagen, geeignet ausgenutzt werden muss. Durch Auflösen wird

$$\lambda(\zeta, v_d) = \frac{2\zeta v_d \sqrt{[\zeta l_v m v_d]^2 + c_h[l_v + l_h][J - m l_h l_v]} - c_h l_h^2 - c_h l_v l_h + 2\zeta^2 l_v m v_d^2}{c_h[l_v + l_h]}$$

$$(4.70)$$

erhalten, sodass für ein konstantes ζ, s. Abb. 4.10, die „Vorausschau"[18] λ entsprechend (4.70) geschwindigkeitsabhängig angepasst werden muss. Da sich die vergleichsweise langsam ändert, ist die Annahme $\lambda = $ const. in der Fehlerdynamikherleitung durchaus gerechtfertigt und gefährdet die Regelkreisstabilität nicht.

4.3.3.4   Sollgrößentransformation und Vorsteuerung

Ähnlich zur Sollgrößentransformation des KESM in Abschn. 4.2.4.1 stellt sich auch hier anschaulich die Frage: Wo soll sich der Regelreferenzpunkt

$$\tilde{y} = \begin{bmatrix} x_1 & x_2 \end{bmatrix}^\mathrm{T} + \lambda \begin{bmatrix} \cos\psi & \sin\psi \end{bmatrix}^\mathrm{T}$$

befinden, damit sich das geregelte Fahrzeug genau auf der vorgegebenen Schwerpunkttrajektorie bewegt?

Da die Solltrajektorie nicht für einen flachen Systemausgang vorliegt, welcher sämtliche Zustände zu jedem Zeitpunkt exakt beschreibt [22], sind lediglich die Zeitverläufe der mit $\lambda = 0$ (Sollvorgabe für Schwerpunkt) exakt-linearisierten Zustände (4.61) durch $[z_{t1}, z_{t2}, z_{n1}, z_{n2}] \equiv \mathbf{0}$ bestimmt. Da der Systemausgang (4.46) jedoch zusätzlich von der Fahrzeugausrichtung ψ abhängt, welcher durch die interne Systemdynamik beeinflusst wird, muss die Bewegung der Nulldynamik (das Fahrzeug soll sich ja genau mit $[e_t, e_n] \equiv \mathbf{0}$ auf der Trajektorie bewegen)

---

[18]Beim sog. *video servoing*, dem direkten Regeln auf Bildmerkmale, wie der Fahrbahnmarkierung (s. beispielsweise [81]), wird diese Technik ebenfalls angewandt. Der Begriff ist dann sehr bezeichnend, da hier das in Fahrzeugmitte zu stabilisierende Merkmal weiter vorne gesucht wird.

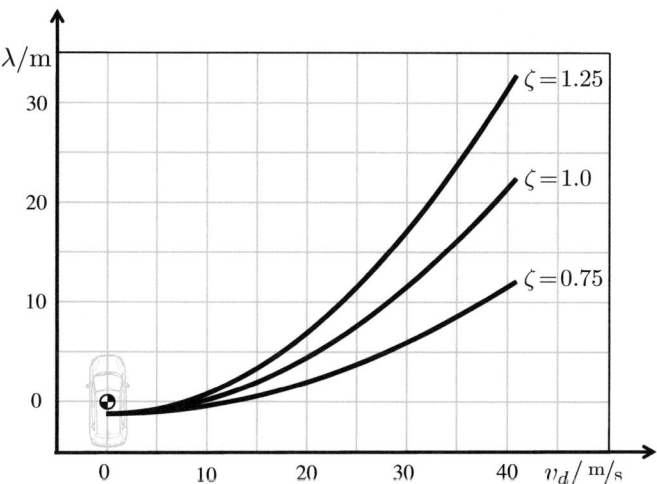

Abbildung 4.10: Geschwindigkeitsabhängige Referenzpunktwahl zur Wahrung eines konstanten Dämpfungsgrads ζ der Nulldynamik durch Auswertung von (4.70) mit serientypischen Mittelklassewagen-Parametern

ebenfalls bestimmt werden. Hierzu kann von den zum Zwecke der Regelung hergeleiteten Formeln Gebrauch gemacht werden:
Mit $\lambda = 0$ (Schwerpunkt) und $[e_t^0(t), e_n^0(t)] \equiv \mathbf{0}$ folgt aus (4.48), (4.54), (4.58) und (4.59), dass

$$\left[\, x_1^0(t),\; x_2^0(t),\; \psi^0(t),\; v^0(t)\,\right] = \left[\, y_{1d}(t),\; y_{2d}(t),\; \theta_d(t) - \beta^0(t),\; v_d(t)\,\right], \quad (4.71)$$

wobei $\beta^0(t)$ aus der Lösung des nichtlinearen Nulldynamik-DGLS

$$\begin{bmatrix} \dot{r}^0 \\ \dot{\beta}^0 \end{bmatrix} = \begin{bmatrix} \dfrac{-F_{hq}(\boldsymbol{x}^0,\boldsymbol{u}^0)l_h + F_{vq}(\boldsymbol{x}^0,\boldsymbol{u}^0)l_v \cos\delta^0 + F_{vl}^0 l_v \sin\delta^0}{J} \\ -r^0 + \dfrac{F_{vq}(\boldsymbol{x}^0,\boldsymbol{u}^0)\cos(\delta^0-\beta^0) + F_{vl}^0 \sin(\delta^0-\beta^0) + F_{hq}(\boldsymbol{x}^0,\boldsymbol{u}^0)\cos\beta^0 - F_{hl}^0\sin\beta^0}{mv_d} \end{bmatrix}$$
$$(4.72)$$

mit den Anfangsbedingungen $r^0(0) = r_0^0$ und $\beta^0(0) = \beta_0^0$ erhalten wird. Aufgrund von (4.68), (4.69) ist, wie schon bei der exakt e/a-linearisierenden Rückführung, $\boldsymbol{u}^0 = [\,\delta^0, F_l^0\,]$ als Lösung von

$$[\mathcal{L}_f^2 \tilde{e}_t](\boldsymbol{x}^0, \boldsymbol{u}^0) = 0, \quad [\mathcal{L}_f^2 \tilde{e}_n](\boldsymbol{x}^0, \boldsymbol{u}^0) = 0 \qquad (4.73)$$

gegeben. Damit sind sämtlicher Sollzustandsverläufe für den Fall der Verfolgung der Schwerpunktstrajektorie berechnet, s. Abb. 4.11, und es kann analog zum Vorgehen beim KESM die Umrechnung in die Solltrajektorie $\mathcal{T}_{\tilde{y}_d}(t)$ der Fahrzeugreferenz $\tilde{\boldsymbol{y}}(t)$ mit dem im Regler gewählten $\lambda(v_d) \approx$ const. durchgeführt werden. Hierzu liefert die Auswertung der Gleichungen (4.46), (4.52), (4.53), (4.55) und (4.56) mit $\tilde{\theta}_d = \psi^0 + \tilde{\beta}^0$ und das Einsetzen in

$$\left[\tilde{y}_{1d}, \tilde{y}_{2d}, \tilde{\theta}_d, \tilde{\kappa}_d, \tilde{v}_d, \dot{\tilde{v}}_d \right] := \left[\tilde{y}_1^0, \tilde{y}_2^0, \psi^0 + \tilde{\beta}^0, [r^0 + \dot{\tilde{\beta}}^0]/\tilde{v}^0, \tilde{v}^0, \dot{\tilde{v}}^0 \right] \quad (4.74)$$

schließlich die transformierte Trajektorie.

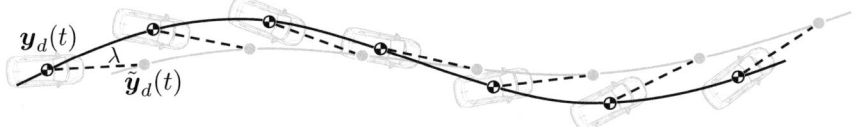

Abbildung 4.11: Visualisierung der Nulldynamik eines stark übersteuernden Fahrzeugs mit Transformation der Schwerpunktssolltrajektorie $\boldsymbol{y}_d(t)$ auf die eines Referenzpunkts $\tilde{\boldsymbol{y}}_d(t)$ im Abstand λ davor

Bemerkung 10. Das Lösen des DGLS (4.72) muss zwar online erfolgen, stellt jedoch vom Rechenaufwand her kein Problem dar, weil in jedem Zeitschritt nur die aktuellen Werte von β und r, und nicht etwa zukünftige (wie beispielsweise bei Einsatz einer modellprädiktiven Regelung erforderlich) benötigt werden. Somit reicht es aus, die DGL numerisch mit den Anfangsbedingungen entsprechend des vorherigen Zeitschritts zu lösen, bzw. bei Systemstart die aktuellen Fahrzeugzustände zu verwenden. Da $\lambda = 0 > \max\left(-l_h, -J/[l_v m]\right)$ gilt, ist hierbei, eine hinreichend kleine Schrittweite vorausgesetzt, numerische Stabilität gewährleistet. Diese Vorgehensweise stellt nichts anderes dar, als die (wenn auch zustandsreduzierte) Simulation eines auf die Schwerpunktstrajektorie exakt regelnden Referenzfahrzeugs, dessen Systemausgang $[\tilde{y}_1^0(t), \tilde{y}_2^0(t)]^{\mathrm{T}}$ wiederum dem realen Fahrzeug die Sollgröße vorgibt. Aufgrund der stabilen Nulldynamik konvergiert dann nach jeder Störung das reale Fahrzeug gegen das simulierte, sodass die auf den Schwerpunkt bezogenen Sollvorgaben auch vom realen umgesetzt werden und unter idealisierten Bedingungen kein Schleppfehler auftritt.

Mit Hilfe der vollkommen unverrauschten Stellgröße δ^0 der online-simulierten Nulldynamik kann schließlich durch numerisches Differenzieren die Vorsteuerung $\dot{\delta}_{\mathrm{vs}} = \frac{\mathrm{d}}{\mathrm{d}t}\delta^0$ berechnet werden, sodass mit Hilfe der stabilisierenden Rückführung

$$u_{\dot{\delta}} = \dot{\delta}_{\mathrm{vs}} - k_\delta(\delta - u_1) \quad (4.75)$$

der Lenkwinkelrate $\dot{\delta} =: u_{\dot{\delta}}$ als eigentlichen Stellgröße Rechnung getragen werden kann, was den Regler entsprechend Abb. 4.12 vervollständigt.

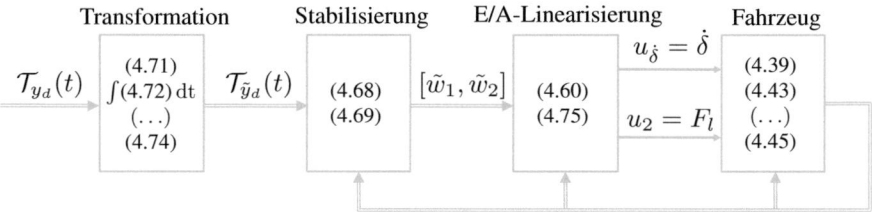

Abbildung 4.12: Vereinfachte Übersichtsdarstellung der Gleichungen des geschlossenen Regelkreises mit vorgeschalteter dynamischer Sollgrößentransformation

4.4 Low-level-Reglerumschaltung unter Beachtung der Stoßfreiheit

Zum Wechsel zwischen den drei sich ergänzenden Regelungen für langsame Rückwärtsfahrt sowie langsame und schnelle Vorwärtsfahrt wird die in Abb. 4.13 dargestellte sollgeschwindigkeitsabhängige Umschaltung herangezogen (vgl. [27]). Hierbei sind folgende Dinge anzumerken:
Da für langsame Fahrt die Trajektorienplanung für den Hinterachsmittelpunkt, für schnelle Fahrt jedoch für den Schwerpunkt erfolgt, ist eine Überblendung der Stellgrößen, wie beispielsweise in [104] umgesetzt, ausgeschlossen: Zum einen kann während der Übergangzeit nicht einfach die Trajektorie der Hinterachse in die des Schwerpunkts umgerechnet werden, da hierbei die Stetigkeitsanforderungen der exakten E/A-Linearisierung von der sich ergebenden Schwerpunktstrajektorie nicht erfüllt werden[19]. Zum anderen ist die parallele Trajektorienberechnung für zwei unterschiedliche Referenzpunkte ausgeschlossen, da nicht sichergestellt werden kann, dass zu jeder Zeit äquivalente Fahrzeugbewegungen generiert werden und die Trajektorien beispielsweise nicht auseinander laufen.
Im Gegensatz zum Reglerwechsel zwischen Vorwärts- und Rückwärtsfahrt, welcher im Stand erfolgt, können durch eine harte Umschaltung (bei Geschwindig-

---

[19]Bei der Transformation von der Hinterachse auf einen hiervon entfernten Punkt nimmt die Stetigkeit der Trajektorie um eine Ordnung ab, s. beispielsweise Abschn. 4.2.4.1 oder 3.5.3.

keit v_s, s. Abb. 4.13) Stellgrößensprünge auftreten. Um sie auf ein für den praktischen Einsatz erträgliches Maß zu reduzieren, muss bei der Reglerparametrie-
rung darauf geachtet werden, dass die Verstärkungen der sich gegenseitig ablö-
senden Regler, insbesondere die des Lenkwinkels, sich nicht übermäßig unterscheiden. In der Praxis ist das problemlos möglich, da bei langsamer und schneller Fahrt ähnliche Fehlerdynamiken vorzuziehen sind. Weil im Umschaltzeitpunkt
beide Streckenmodelle die Realität hinreichend genau beschreiben, unterscheidet
sich zusätzlich die exakt modellinvertierenden Vorsteueranteile in den Stellgrößen
kaum, welche den Großteil der Stellgrößen ausmachen, sodass die Umschaltungen
in jeweils beide Richtungen unbemerkt bleiben.

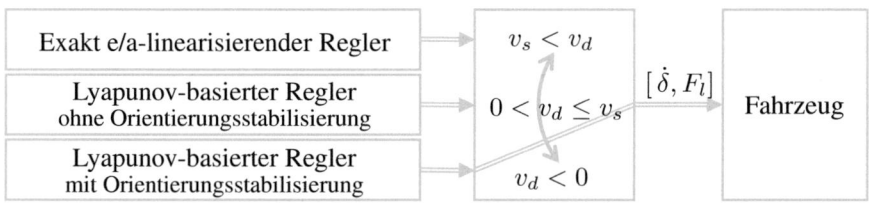

Abbildung 4.13: Geschwindigkeitsabhängiges Umschaltung zwischen den drei
Regleralternativen; bei $v_d = 0$ entscheidet die geplante Fahrtrichtung ς

4.5   Problemorientierte Umsetzung der High-level-Stabilisierung

In den vorhergehenden Abschnitten wurden die zur Bi-level-Stabilisierung
(s. Abschn. 2.3) erforderlichen Low-level-Regelgesetze hergeleitet, bei denen
sich die Trajektorie *unabhängig* vom tatsächlichen Fahrzeugzustand fortsetzt
und deshalb gegen permanente Modellfehler und Störungen stabilisiert werden muss. Zur Bekämpfung von impulsartigen Modellfehlern und Störungen
hingegen wird die High-level-Stabilisierung aktiviert, welche darauf beruht,
dass kurzzeitig die Trajektorie vom Anfangszustand des Fahrzeugs geplant
wird, und der Regelfehler in der Low-level-Stabilisierung verschwindet, sodass
letztere (bis auf die Vorsteuerung) entsprechend Kap. 2 kurzzeitig deaktiviert wird.

4.5.1 Wahl einer passenden Reinitialisierungsauslösung

Bei kraftförmigen Impulsstörungen, wie etwa Bodenunebenheiten, erfolgt eine intensive Krafteinwirkung über ein kurzes Zeitintervall, sodass in guter Näherung davon ausgegangen werden kann, dass die Störungseinwirkung bereits im nächsten Planungsschritt abgeschlossen ist und sich als Geschwindigkeits- oder Kursänderung der Fahrzeugbewegung bemerkbar macht. Da die Solltrajektorie (ohne Reinitialisierung) mindestens geschwindigkeits- und kursrichtungsstetig ist, reicht es aus, die Trackingfehleränderungen (4.58) und (4.59) im Schwerpunkt bzw. geometrischen Mittelpunkt auf Schwellwertüberschreitung zu überprüfen und ggf. sofort eine Reinitialisierung einzuleiten. Der unterschiedlichen Regelgenauigkeit in Fahrzeugquer und -längsrichtung kann dabei durch das elliptische Maß

$$\left[\frac{[\mathcal{L}_f \tilde{e}_t](\boldsymbol{x})}{c_t}\right]^2 + \left[\frac{[\mathcal{L}_f \tilde{e}_n](\boldsymbol{x})}{c_n}\right]^2 \overset{!}{<} 1,$$

mit experimentell bestimmten Schwellwertparametern c_t und c_n Rechnung getragen werden.

4.5.2 Fahrzeugmodell-unabhängige Bewegungsprädiktion

Während der Berechnung der neuen Trajektorie bewegt sich das Fahrzeug allerdings unweigerlich weiter, sodass es in Abschn. 3.5.5 erforderlich ist, bestimmte (zukünftige) Anfangsbedingungen in der Sollwertberechnung einzuhalten, um nicht Stöße oder große Trackingfehler in der Regelung zu riskieren (s. auch Abschn. 4.1.2). Im Gegensatz zur regulären Neuplanung ohne Reinitialisierung, welche die zuvor berechnete und damit bekannte Solltrajektorie weiterführt, muss sich die Reinitialisierung mit einer Prädiktion der Isttrajektorie behelfen. Weil diese Prädiktion nicht viel Rechenkapazität in Anspruch nehmen darf, da sich diese zur Berechnungszeit der Trajektoriengenerierung addiert und somit den Fehlern mehr Zeit zur Aufintegration lässt sowie die Reaktionszeit des Gesamtsystems verlängert, verbieten sich aufwändige numerische Vorwärtssimulationen der Fahrzeugdynamik, die zukünftige Störungen ohnehin nicht berücksichtigen können. Möglichst einfach zu berechnende, geschlossene Näherungslösungen mit unspezifischen Modellannahmen sind vorzuziehen.

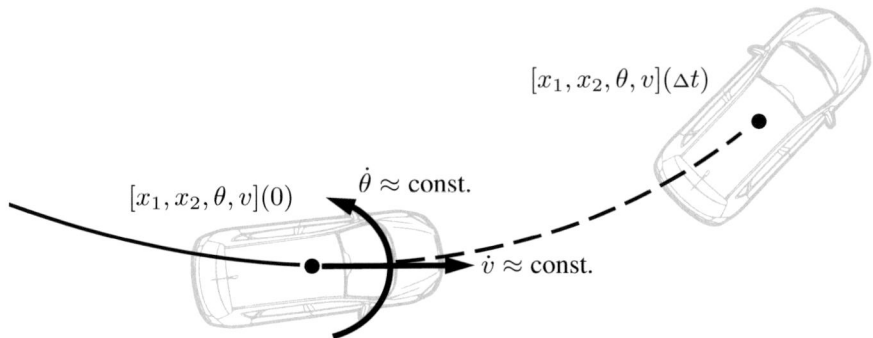

Abbildung 4.14: Prädiktion des zukünftigen Fahrzustands aus aktuellen Messwerten

Mit als konstant prädizierter Längsbeschleunigung $\dot{v}_0$ und Kurswinkeländerungsrate $\dot{\theta}_0$ der Referenzpunkttrajektorie des Fahrzeugs, s. Abb. 4.14, liefert

$$
\begin{bmatrix} \dot{x}_1 \\ \dot{x}_2 \\ \dot{\theta} \\ \dot{v} \end{bmatrix} = \begin{bmatrix} v\cos\theta \\ v\sin\theta \\ \dot{\theta}_0 \\ \dot{v}_0 \end{bmatrix}
$$

die zukünftige Referenzpunktbewegung. Die geschlossene Lösung mit hebbarer Definitionslücke bei $\dot{\theta}_0 = 0$ kann entsprechend der für die Prädiktion erforderlichen Genauigkeit singularitätsfrei durch die Taylor-Reihen

$$
x_1(\Delta t) = v_0\Delta t + \frac{\dot{v}_0}{2}\Delta t^2 - \frac{v_0\dot{\theta}_0^2}{6}\Delta t^3 - \frac{\dot{v}_0\dot{\theta}_0^2}{8}\Delta t^4 + \mathcal{O}(\Delta t^5)
$$

$$
x_2(\Delta t) = \frac{v_0\dot{\theta}_0}{2}\Delta t^2 + \frac{\dot{v}_0\dot{\theta}_0}{3}\Delta t^3 - \frac{v_0\dot{\theta}_0^3}{24}\Delta t^4 + \mathcal{O}(\Delta t^5)
$$

$$
\theta(\Delta t) = \dot{\theta}_0\Delta t
$$

$$
v(\Delta t) = v_0 + \dot{v}_0\Delta t
$$

lokal genähert werden, wobei $\mathcal{O}$ das Restglied bezeichnet. Zur kompakten Darstellung wurden hierbei durch Verschiebung und Rotation des Koordinatenursprungs $x_1(0)$, $x_2(0)$ und $\theta(0)$ zu Null transformiert. Um großen Messungenauigkeiten von $\theta(0)$ (definiert das lokale Koordinatensystem) und $\dot{\theta}(0) =: \dot{\theta}_0$ bei niedriger Geschwindigkeit zu vermeiden, können die Größen aus den Beziehungen des KESM

in Abhängigkeit des aktuellen Lenkwinkels $\delta(0)$ abgeleitet werden.[20]
Analog kann die Bestimmung der zukünftigen Anfangskrümmung und Anfangs-
beschleunigung der Solltrajektorie erfolgen. Fahrversuche zeigen jedoch, dass
eine stoßfreie Reinitialisierung nur unter stetiger Fortsetzung der Solltrajektori-
enkrümmung und -beschleunigung erreicht wird, was nicht weiter verwundert, da
die Low-level-Reglerstellgrößen von der Vorsteuerung dominiert werden. Darum
müssen die Solltrajektorienanfangswerte von der *aktuellen* Solltrajektorie (wenn
auch wieder zum zukünftigen Reinitialisierungszeitpunkt) verwendet werden, sodass für diese Größen keine Reinitialisierung entsprechend des prädizierten Fahrzustands stattfindet.

4.6 Zusammenfassung

Das vorliegende Kapitel beschreibt nach einer Darstellung der genau-
en Beweggründe zur Verfahrenswahl drei komplementäre Low-level-
Stabilisierungsstrategien zur invarianten Umsetzung von Solltrajektorien.
Während bei langsamer Vorwärts- und Rückwärtsfahrt die beiden Lyapunov-
basierten Regelungen auf Basis eines für die besonderen Anforderungen der
Trackingregelung erweiterten kinematischen Einspurmodells erfolgen, wird
für die schnelle Vorwärtsfahrt der exakt e/a-linearisierende Regler auf dem
bekannten dynamischen Einspurmodell entworfen, welches mit einem längs-quer-
gekoppelten Reifenmodell kombiniert wird.
Im Gegensatz zur Lyapunov-basierten Regelung mit Orientierungsstabilisierung,
für die die Sollvorgaben in den gleichen Koordinaten wie die Regelgröße
vorliegen, muss sowohl bei der Lyapunov-basierten Regelung ohne Orientierungsstabilisierung als auch beim exakt e/a-linearisierenden Regler die Solltrajektorie
für den (bewusst gewählten) Streckenausgang transformiert werden. Unter
Ausnutzung der Flachheit des kinematischen Einspurmodells kann hierfür ein
analytischer Zusammenhang gefunden werden, während bei der Sollgrößentransformation für das dynamische Einspurmodell, aufgrund fehlender Information
in der Trajektorie des nicht-flachen Ausgangs, auf eine Online-Simulation der
Nulldynamik ausgewichen wird.
Im Unterschied zum Lyapunov-basierten Entwurf mit Orientierungsstabilisierung,
welcher gleichermaßen die langsame Vorwärts- und Rückwärtsfahrt stabilisiert,
und zur exakten E/A-Linearisierung, welche sich zur schnellen Fahrt eignet, muss
der Lyapunov-basierte Ansatz ohne Orientierungsstabilisierung seine Existenz

---

[20]Falls die Inertialsensorik auch bei höherer Geschwindigkeit die aktuelle Kurswinkeländerung nicht
direkt liefert, kann sie über die Beziehung $\dot{\theta} = a_q/v$ mit der aktuellen Querbeschleunigungsmessung
a_q bestimmt werden.

erst im Fahrversuch rechtfertigen. Zwar ist dieser aufgrund seiner dann instabilen Nulldynamik für die Rückwärtsfahrt ungeeignet, jedoch deutet die Linearisierung des durch ihn geschlossenen Regelkreises auf ein ruhigeres Lenkverhalten hin als bei der entsprechenden Regelung mit Orientierungsstabilisierung.

Nach der Beschreibung einer einfachen Umschaltstrategie zwischen den vorgestellten Reglern schließt das Kapitel mit der für die High-level-Regelung erforderlichen Reinitialisierungsauslösung und Fahrzustandsprädiktion, wobei letztere sich mit wenig Modellinformation und geringer Rechenleistung begnügt.

In Verbindung mit der Trajektoriengenerierung sind damit alle für das vorgestellte Gesamtsystem erforderlichen Komponenten vorhanden, und es verbleibt, dessen Leistungsfähigkeit im nächsten Kapitel in realen Fahrversuchen unter Beweis zu stellen.

KAPITEL 5

Umsetzung und Validierung des Gesamtkonzepts

Nach einer kurzen Beschreibung der prototypischen Umsetzung auf einem realen Fahrzeug wird in diesem Kapitel die praktische Leistungsfähigkeit des zuvor hergeleiteten algorithmischen Gesamtkonzepts in repräsentativen Fahrversuchen demonstriert und ausgiebig diskutiert.

Abbildung 5.1: Versuchsfahrzeug des Sonderforschungsbereichs TR 28

5.1 Versuchsaufbau

5.1.1 Hardware- und softwaretechnische Umsetzung

Im Rahmen der vorliegenden Arbeit erfolgte in Zusammenarbeit mit den am Sonderforschungsbereich beteiligten Karlsruher Instituten und dem Fahrzeughersteller die Umrüstung eines VW Passat Variant 2.0 FSI (s. Abb. 5.1), dessen modulares Erprobungsframework [100] sich u. a. bereits für Team *AnnieWAY* in der Urban Challenge 2007 bewährt hat.

Wie der Übersichtsdarstellung in Abb. 5.2 zu entnehmen ist, kommt dem Fahrzeugrechner, aktuell einem Intel Core i7 mit 8 Kernen zu je 2.8 GHz, zentrale Bedeutung zu, da auf ihm die rechenintensiven Prozesse der in C++ implementierten Umfeldwahrnehmung, Verhaltensentscheidung und Trajektorienplanung ausgeführt werden. Diese kommunizieren miteinander über eine Realzeit-Datenbank (RZDB) [26], welche ebenfalls die über I/O-Module zuvor eingelesenen Sensordaten verfügbar macht. Mittels einer UDP[1]-bridge werden des Weiteren die in jedem Zyklus berechneten (aktuelle sowie zukünftigen) Bewegungssollvorgaben zur in C, Embedded Matlab und Simulink programmierten Autobox[2] übermittelt. Deren hinreichend schnelle (100 Hz) und genaue (*Double*-Präzision) Low-level-Stellgesetzberechnungen sowie die quasi-kontinuierliche Positions-, Ausrichtungs- und Bewegungsmessung der angeschlossene DGPS-gestützten Inertialsensorplattform RT3003[3] rechtfertigen den zuvor durchgeführten zeit- und wertekontinuierlichen Low-level-Reglerentwurf. Die berechneten Stellgrößen werden anschließend als Sollgrößen über CAN an die schnellen unterlagerten Regler der Fahrzeugaktorik übermittelt.

Für eine verzögerungsarme Realisierung der Lenkbewegung ist hierfür ein drehzahlgeregelter Elektromotor mit Positionssensor so an die Lenksäule angeschlossen, dass er die Unterstützung der angepassten Servolenkung bekommt. Darüber hinaus sind der Bremskraftverstärker, der Gaspedalwertgeber und das Automatikgetriebe derart modifiziert, dass die vorgegebenen Sollwerte für Bremsdruck, Drosselklappen- und Gangwahlhebelstellung schnell eingeregelt werden, sodass die Streckenmodellierungsannahmen in Kap. 4 gerechtfertigt sind.

Zur Reduktion des mit den nachfolgend anzutreffenden Straßenszenarien verbundenen Risikos und logistischen Aufwands wird die Wahrnehmungs- und die Entscheidungsebene für die Fahrversuche deaktiviert und durch eine Simulation der

---

[1] User Datagram Protocol
[2] eine echtzeitfähige Hardware- und Softwareumgebung für Reglerexperimente, www.dSpace.com
[3] www.oxts.com

für die Trajektorienplanung relevanten Eingangsdaten ersetzt, wodurch eine isolierte Analyse der Verhaltensumsetzung ermöglicht wird.

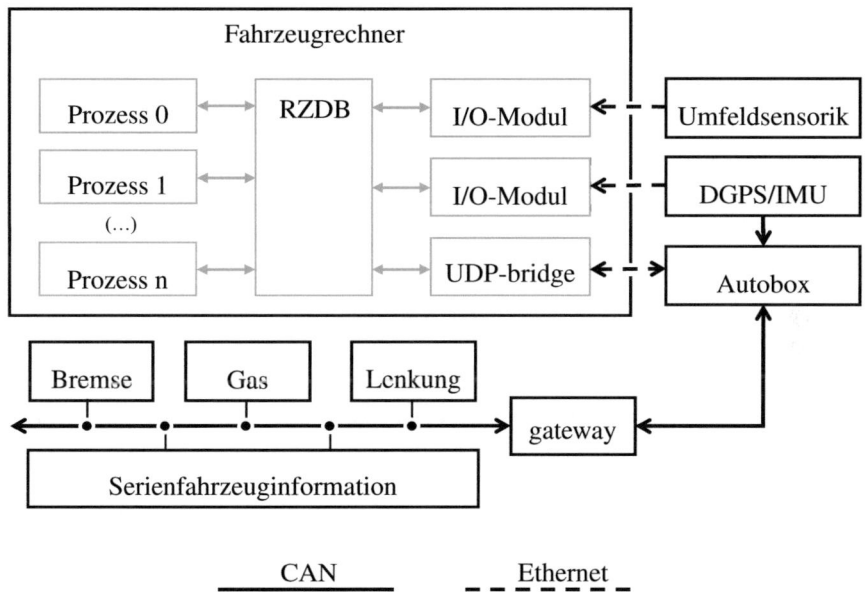

Abbildung 5.2: Datenaustausch zwischen Modulen und Komponenten

5.1.2 Unterlagerte Stellgrößenumsetzung

In den Herleitungen des Kap. 4 wird aus Übersichtsgründen angenommen, dass Lenkwinkelrate $\dot{\delta}$ und Gesamtlängskraft F_l der Reifen den Systemeingang darstellen. Für die praktische Umsetzung des geschlossenen Regelkreises ist jedoch noch erforderlich, die Sollgrößen der unterlagerten Regelungen für Lenkmotor, Gaspedal und Bremskraftverstärker zu generieren. Dabei erweist sich die Parameterbeschaffung als schwierig, da selbst mit Unterstützung des Fahrzeugherstellers viele relevante Daten aufgrund der serienuntypischen Anwendung nicht verfügbar sind. Deshalb wird bei der im Folgenden beschriebenen Stellgrößenumsetzung darauf geachtet, dass verwendete Fahrzeugparameter durch einfache Fahrtests oder direkte Messung bestimmt werden können. Immer wenn diese nicht zum Identifikationsstandard im Kraftfahrzeugbau gehören, wird eine kurze Beschreibung gegeben.

5.1.2.1 Lenkbewegungsumsetzung

Wie in Abschn. 5.1.1 beschrieben wird die Lenkbewegung der Vorderräder durch einen Lenkstangenmotor realisiert, sodass der kinematische Zusammenhang zwischen effektivem Lenkwinkel der Räder δ und des Lenkrads δ_L bei der Messung und Stellgrößenberechnung berücksichtigt werden muss. Erfahrungsgemäß gewinnt bei langsamer Fahrt mit engen Kurven die geringfügige Nichtlinearität der Lenkkinematik[4] $\delta = \delta(\delta_L)$ an Bedeutung. Sie kann experimentell durch die Auswertung von Kreisfahrten mit unterschiedlichen, konstanten Lenkwinkeln erfolgen, indem die (gefilterte) Krümmung κ_δ der sich ergebenden DGPS-Spur der Hinterachse mit Hilfe der kinematischen Beziehung

$$\delta(\delta_L) = \operatorname{atan}(l\kappa_\delta(\delta_L))$$

ausgewertet wird. Hierbei sei angemerkt, dass sich die so bestimmte effektive Lenkkinematik bei Vorwärtsfahrt nennenswert von jener der Rückwärtsfahrt unterscheidet, was sich auf die fahrtrichtungsabhängige Belastung der nachgiebigen Lenklager zurückführen lässt.

5.1.2.2 Antriebs- und Bremskraftumsetzung

Da in den verwendeten Reglerentwurfsmodellen auf die Modellierung von Roll- und Windwiderstand verzichtet wird, muss ihnen hier nun Rechnung getragen werden, sodass die berechnete Beschleunigungskraft F_l tatsächlich in die Nettobeschleunigung des Fahrzeugs fließt und nicht von den unmodellierten Widerständen „geschluckt" wird (vgl. [30]). Unter Vernachlässigung der Antriebsstrangdynamik[5] wird die ebene Fahrzeuglängsbeschleunigung durch

$$F_l = k(i) \cdot F_{M(\omega_{\text{Motor}})}(\phi_{\text{Gas}}) - b\,p_{\text{Bremse}} - F_W(v)$$

beschrieben, wobei $k(i)$ die Antriebsstrangübersetzung des aktuellen Gangs i, F_M die motordrehzahlabhängige, übersetzungsnormierte Antriebskraft des Motors, b die Bremskonstante, p_{Bremse} den Bremsdruck, ϕ_{Gas} die Drosselklappenstellung und F_W die Summe aus Luft- und Rollwiderstand bezeichnen.

Zur Umsetzung einer Solllängskraft F_{ld} wird die in Abb. 5.3 dargestellte Split-range-Schaltung herangezogen, welche die statische Nichtlinearität des Motors durch Invertierung des Antriebkennfeldes F_M^{-1} entsprechend der restringierten

---

[4]Das Lenkspiel wird hierbei vernachlässigt.

[5]Wie in [61] wird vereinfachend angenommen, dass die Drosselklappenstellung und der Bremsdruck unverzögert die Reifenkräfte definieren.

Kennfeldapproximation in Anh. A.6 kompensiert und unter Berücksichtigung des
Motorschleppmoments die Aufteilung in Gas und Bremse vollzieht. Die Kompensation eines Gegenwinds oder einer Fahrbahnsteigung übernimmt ein Integrator,
dessen Zustand bei Stellgliedsättigung oder manuellem Eingriff über eine *Anti-
Windup* (AW) [5],[35] Schaltung [25] kontrolliert wird. Der zur Vermeidung des
für Automatikgetriebe typischen Anrollens aus dem Stand erforderliche Bremsdruck wird im Kompensationsterm $F_W(v)$ nachgebildet, indem letzterer für verschiedene, konstante Geschwindigkeiten experimentell so angepasst wird, dass
sich stationäre Genauigkeit der Gesamtschaltung bei deaktiviertem Integrator einstellt.

Der in der Regelung angesetzte Kraftverteilungsfaktor γ wird schließlich aufgrund
des im Passat verbauten Frontantriebs zu 1.0 gesetzt und bei aktiver Bremse auf
die geschätzte Bremskraftverteilung mit 0.75 umgeschaltet.

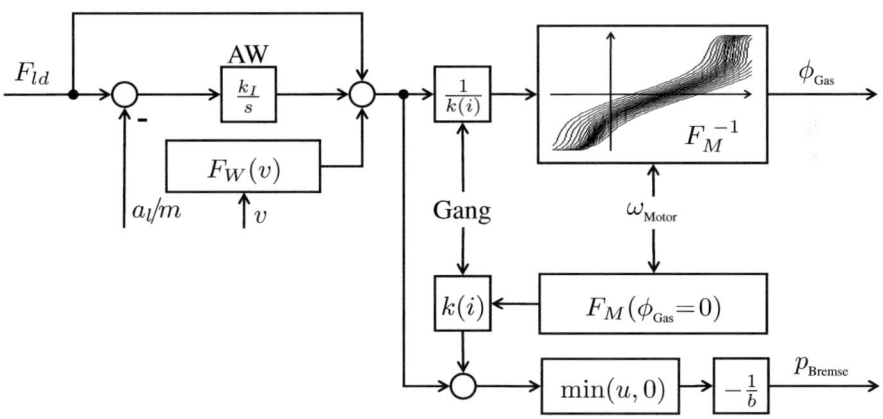

Abbildung 5.3: Split-range-Antriebskraftregelung

5.2 Vergleich der Low-level-Stabilisierungen bei langsamer Fahrt

Da sich beide der in Abschn. 4.2 hergeleiteten Regelgesetze für die langsame Vorwärtsfahrt grundsätzlich eignen, muss sich das Stabilisierungsgesetz für den nicht-flachen Systemausgang gegen die auch für die Rückwärtsfahrt geeignete Lyapunov-basierte Regelung mit Orientierungsstabilisierung beweisen. Darüber hinaus erfordern die Testszenarien für das Gesamtsystem in Abschn. 5.3.1 und 5.3.2 kein Rückwärtsfahren, sodass auch dieses isoliert demonstriert wird.

Um im direkten Reglervergleich den Einfluss der Trajektorienplanung auf das Versuchsergebnis zu eliminieren, wird sie für die kommenden Fahrversuche durch eine abgespeicherte Trajektorie (s. Abb. 5.4) ersetzt. Mit ihren „Stop-and-go"-ähnlichen Längsmanövern (Anhalten von einer Sekunde alle 20 bis 25 s) und permanenten Krümmungsänderungen stellt sie eine sehr allgemeingehaltene Trajektorie dar, deren vor- und rückwärtige Abschnitte ebenfalls problemlos zu Dreipunkt-Wenden etc. zusammengesetzt werden können.

5.2.1 Vergleichsfahrt

Zu Beginn eines jeden Fahrversuchs wird die Solltrajektorie so initialisiert, dass sie mit $v_d = 0.0\,\mathrm{m/s}$ direkt von der Hinterachse des mit eingelegtem Gang und entsprechend der Anfangskrümmung ausgerichteter Lenkung wartenden Testträgers startet, damit, wie in der realen Anwendung mit Online-Trajektorienplanung, keine Anfangstrackingfehler entstehen.

Die Versuchsergebnisse (denen die Selbstlokalisierung als „ground truth" zugrunde gelegt wird) für die Vorwärts- und Rückwärtsfahrt unter Verwendung der orientierungsstabilisierenden Trackingregelung sowie die Vorwärtsfahrt mittels Regelung ohne Orientierungsstabilisierung sind als „Stop-motion"-Effekt[6] in Abb. 5.4 mit dazugehörigen Detailansichten in Abb. 5.5 des markierten Bereichs dargestellt. Zusätzlich werden zu den Signalverläufe des Lenkradwinkels δ und der Antriebskraft F_l in Abb. 5.6 die auf den Fahrzeugmittelpunkt bezogene Istgeschwindigkeit $\tilde{v}$, der Orientierungsfehler e_ψ sowie der Quer- und Längstrackingfehler $\tilde{e}_n$ und $\tilde{e}_t$ gezeichnet.

---

[6]mehrere Momentaufnahmen in einem Bild

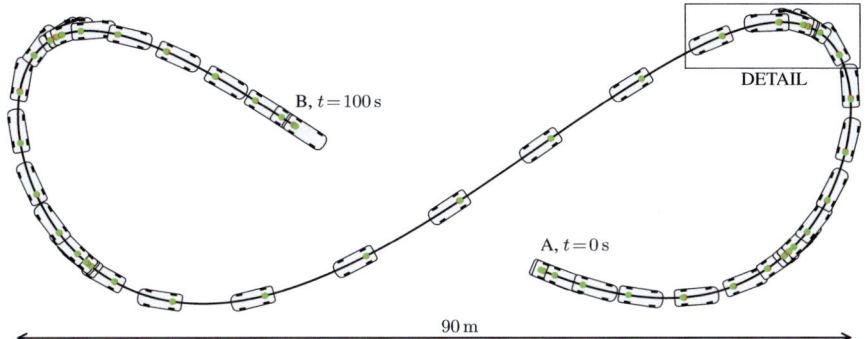

Abbildung 5.4: Visualisierung der langsamen, low-level-geregelten Versuchsfahrt von A nach B; Abb. 5.5 vergrößert den umrahmten Bereich für unterschiedliche Fahrversuche.

5.2.2 Analyse und Schlussfolgerung

Trotz permanentem Geschwindigkeitswechsel (s. $\tilde{v}$-Signal) und Krümmungsänderungen (s. δ-Signal) nahe des minimalen Wendekreises bleiben die fahrzeugmittigen Trackingfehler ($\tilde{e}_n, \tilde{e}_t, e_\psi$) (auch bei erneuten Versuchsdurchführungen) in allen drei Fällen unter 7 cm bzw. 22 cm und 1.2°. Darüber hinaus tritt das in beiden Reglerentwürfen theoretisch sichergestellte singularitätsfreie Anhalten (keine Lenkwinkelsprünge im δ-Signal in Abb. 5.6) wie erwartet auch in der Realität ein.

Die Genauigkeitsangaben lassen zunächst vermuten, dass bei der Versuchsdurchführung beide Regelgesetze vergleichbar abschneiden. Eine genauere Betrachtung des Lenkwinkelverlaufs ergibt jedoch, dass die Regelung ohne Orientierungsstabilisierung (Abb. 5.6(c)) für die gleiche Genauigkeit (s. $e_\psi, \tilde{e}_n, \tilde{e}_t$) mit weitaus weniger Stellaufwand $\dot{\delta}(t)$ (ein Maß hierfür ist die Glattheit von δ) und kleineren Korrekturamplituden von δ auskommt (vgl. δ-Signale in Abb. 5.6(a) und (b)). Gerade letzteres ist für die Trajektorienplanung von großem Vorteil, da hierdurch aufgrund der reduzierten Gefahr der Stellgrößensättigung der Lenkung kleinere Radien geplant werden können.

Aus diesen Gründen wird bei langsamer Vorwärtsfahrt die Trajektorienregelung ohne Orientierungsstabilisierung der mit Orientierungsstabilisierung vorgezogen. Damit steht das Gesamtkonzept, und es folgt im nächsten Abschnitt dessen realitätsnahe Erprobung.

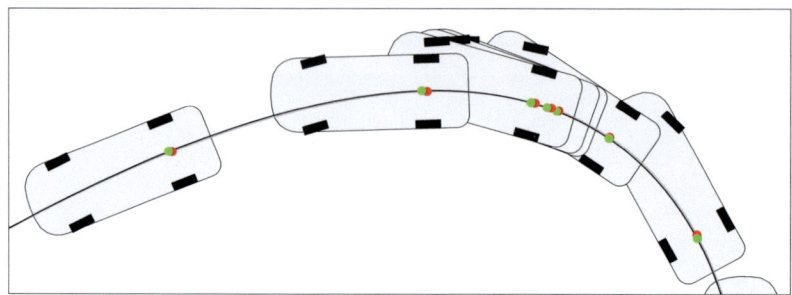

(a) Vorwärtsfahrt mit Orientierungsstabilisierung

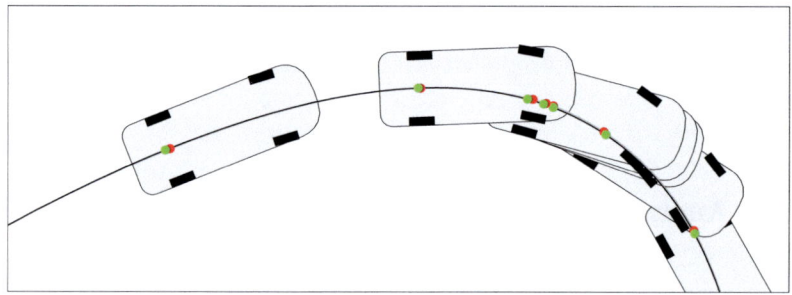

(b) Rückwärtsfahrt mit Orientierungsstabilisierung

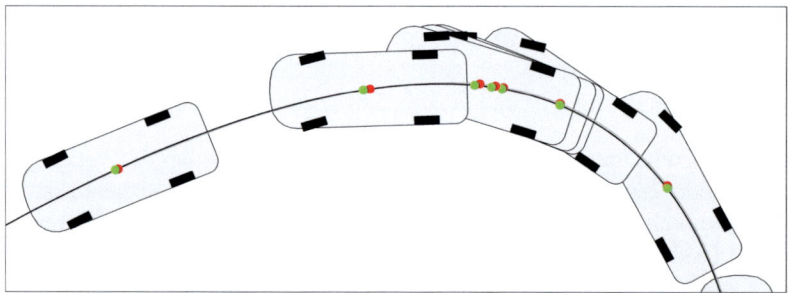

(c) Vorwärtsfahrt ohne Orientierungsstabilisierung

Abbildung 5.5: Detailansicht aus Abb. 5.4 für die unterschiedlichen Low-level-Regelgesetze. Die grünen und roten Punkte stellen die aktuelle Ist- und Sollposition des jeweiligen Reglerreferenzpunkts dar. Die Sollposition bewegt sich auf der dünnen, schwarzen Linie.

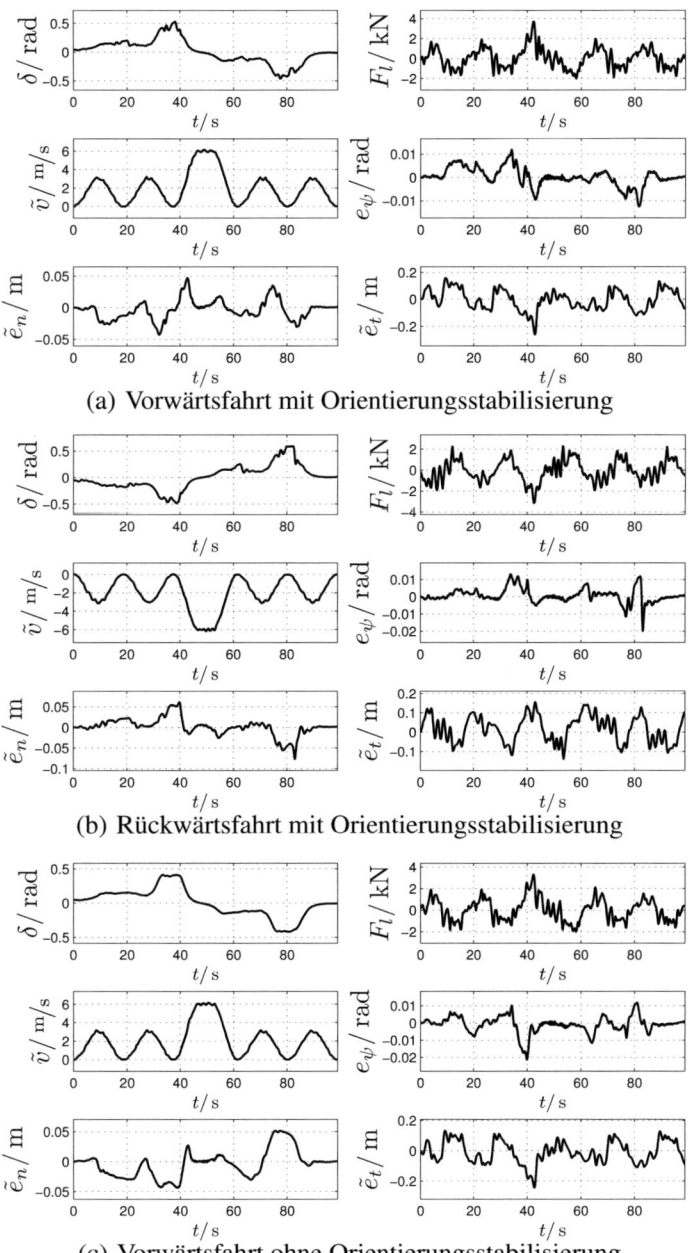

(a) Vorwärtsfahrt mit Orientierungsstabilisierung

(b) Rückwärtsfahrt mit Orientierungsstabilisierung

(c) Vorwärtsfahrt ohne Orientierungsstabilisierung

Abbildung 5.6: Lyapunov-basierte Low-level-Stabilisierungen im Vergleich

5.3 Realitätsnahe Erprobung des Gesamtsystems

Die folgenden beiden Fahrtests stellen das aus Trajektorienplanung und Bi-level-Stabilisierung bestehende Gesamtsystem der Arbeit exemplarisch in acht kritischen Verkehrssituationen auf die Probe. Dabei handelt es sich im ersten Versuch bei Geschwindigkeiten bis zu $30\,\mathrm{km/h}$ um

- einen sich nicht ankündigenden Fahrfehler des links abbiegenden Gegenverkehrs,

- zwei Fußgänger, die zwischen parkenden Autos die Fahrbahn plötzlich betreten,

- ein weit im Voraus bemerkbarer Fahrfehler des einmündenden Seitenstraßenverkehrs sowie

- zwei zu überholende Fahrradfahrer am Straßenrand.

Anschließend wird in einem zweiten Fahrversuch

- das Einfädeln zwischen Lkws,

- das zur Kollisionsvermeidung kurzzeitige Verzögern eines Spurwechsels,

- das Ausweichen für einen ausscherenden Lkw sowie

- das Abfangen des Fahrzeugs nach einer kräftigen Impulsstörung

bei Geschwindigkeiten bis zu $120\,\mathrm{km/h}$ demonstriert.

Die hierbei erhaltenen Ergebnisse eines jeden Einzelszenarios werden nachfolgend in Form von jeweils vier Momentaufnahmen in Vogelperspektive dargestellt sowie darunter die zugehörigen Zeitverläufe der wichtigsten Signale (s. beispielsweise Abb. 5.7).

In der unteren rechten Ecke eines jeden Szenenbildes wird der aktive Längsmodus angegeben. Hierbei steht „v" für den Geschwindigkeitsmodus und „f" für den Folgemodus. In der unteren linken Ecke wiederum wird die aktive Trajektoriennummer sowie die Gesamtzahl der Alternativen des aktiven Modus angezeigt. Die Codierung „0/4000" bedeutet beispielsweise, dass entsprechend des Kostenfunktionals die beste Trajektorie von insgesamt 4000 Alternativen ausgewählt wurde. Des Weiteren erfolgt die Einfärbung der optimalen Fahrtrajektorie entsprechend der kontinuierlichen Farbtabelle in Abb. 3.9 (rot - hohe Kosten, gelb - niedrige Kosten, grün - die beste Trajektorie). Darüber hinaus wird die fahrbahnmittige

Referenzkurve als eine schwarze, gestrichelte Linie dargestellt. Die grüne Umrandung des in Grau dargestellten Versuchsträgers stellt die von der Low-level-Trackingregelung zu stabilisierende Sollposition und -ausrichtung des Fahrzeugs dar. In schwarz wird zusätzlich entlang der aktuellen Trajektorie der über den betrachteten Horizont prädizierte Fahrzeugumriss gezeichnet. Die anderen Verkehrsteilnehmer werden entsprechend ihrer Größe und Ausrichtung durch Rechtecke in unterschiedlichen Farben repräsentiert. Schließlich ist unter jeder Momentaufnahme die zugehörige Versuchszeit dargestellt. Als Orientierungshilfe taucht diese auch in den darunter befindlichen Signalverläufen als graue, gestrichelte Vertikallinie auf.

Bei den Signalverläufen zeigt die Größe „kin. aktiv" an, wann anstelle des e/a-linearisierenden Reglers der Lyapunov-basierte Regler (im Folgenden als „kinematischer Regler" bezeichnet) aktiviert wird. Das „reinit."-Signal wiederum markiert die Zeitpunkte, an denen aufgrund einer Schwellwertüberschreitung der Low-level-Trackingfehlermaße eine Reinitialisierung auf Planungsebene durchgeführt wird. Darüber hinaus stellt v die Fahrzeuggeschwindigkeit, δ_L den eingeschlagenen Lenkradwinkel, F_l die kommandierte Antriebskraft sowie unten rechts a_q und a_l die Fahrzeugquer- und Längsbeschleunigung dar. Die Genauigkeit der Low-level-Trackingregelung wird dazwischen durch den Ausrichtungsfehler e_θ und die Längs- und Querkomponente e_t (grau) und e_n (schwarz) des schwerpunktsbezogenen Positionsfehlers sowie deren zeitliche Änderung $\dot{e}_t$ (grau) und $\dot{e}_n$ (schwarz) verdeutlicht.

Die Vorgaben der Verhaltensebene, d. h. die Parameter der Zielmannigfaltigkeiten aller aktiven Längsmodi (Referenzkurve, Sollgeschwindigkeit etc.) sowie die aktuelle und zukünftige (Zeithorizont 3.0 s) Position, Ausrichtung und Geometrie von Hindernissen und Verkehrsteilnehmern werden im Folgenden simuliert.

5.3.1 Innenstadt-typische Testszenarien

Vor Versuchsstart wird der Passat nicht ganz mittig und mit willkürlicher Lenkradstellung auf der Straße in ungefährer Fahrtrichtung positioniert und der autonome Modus aktiviert. Unter Berücksichtigung dieser Anfangskonfiguration erfolgt die Initialisierung der Trajektorienplanung, sodass kein Anfangsfehler auftritt (s. Abb. 5.7, e_t und e_n zum Zeitpunkt $t = 0.0$ s). Während des Fahrversuchs bleibt die Referenzkurve in der Mitte der inneren Spur, und die Sollgeschwindigkeit wird anfänglich auf 30.0 km/h gesetzt. Die Zykluszeit der Trajektorienplanung bleibt bei Einsatz eines Rechenkerns unter 0.2 s.[7]

---

[7]Aufgrund der uneingeschränkten Parallelisierbarkeit kann dadurch bereits bei zwei Kernen die 10.0 Hz-Grenze überschritten werden.

Zunächst realisiert der kinematische Regler entsprechend der Solltrajektorie ein zügiges aber komfortables Anfahren (v-Signal). Da jedoch hierbei das Fahrzeug aufgrund des verzögernden Drehmomentwandlers droht, gegenüber der berechneten Trajektorie in Verzug zu geraten, wird sofort nach Überschreitung der maximal zulässigen Längsfehleränderung $\dot{e}_t$ entsprechend des prädizierten Fahrzustands reinitialisiert (Regelfehler e_θ, e_t und e_n gehen in guter Näherung auf Null zurück), ohne dass es im Fahrzeug bemerkt werden kann. Bei $t \approx 2.5\,\mathrm{s}$ ist die eingestellte Grenzgeschwindigkeit des kinematischen Reglers erreicht, sodass auf die exakt e/a-linearisierende Regelung (im Folgenden als „dynamischer Regler" bezeichnet) gewechselt wird (s. kin. aktiv-Signal).

Fahrfehler des links abbiegenden Gegenverkehrs

Gerade als die Sollgeschwindigkeit erreicht ist (Bild oben links), ändert plötzlich (für die Verhaltensebene unvorhergesehen) das hintere (blau) der beiden auf der Gegenspur entgegenkommenden Fahrzeuge (das andere rot) seinen Kurs und biegt verkehrsregelwidrig links ab (Bild oben rechts). Zur Kollisionsvermeidung bremst der Passat zunächst ab. Hierdurch verkürzt die auf einem Zeithorizont von $3.0\,\mathrm{s}$ entsprechend der hohen Kosten rot eingefärbte Fahrtrajektorie ihre geometrische Länge. Anschließend nutzt das Fahrzeug unter Prädiktion der Verkehrslage einen kleinen Teil des frei werdenden Verkehrsraums der Gegenspur[8] für ein Ausweichen (Bild unten links), um eine Vollbremsung zu vermeiden. Aufgrund der anfänglichen Verzögerung der Bremse droht das Fahrzeug seine Sollposition zu überholen (e_t-Signal), sodass bei $t \approx 6.5\,\mathrm{s}$ erneut reinitialisiert wird. Ähnlich verhält es sich auch bei $t \approx 10.5\,\mathrm{s}$ und $12.0\,\mathrm{s}$ sowie zu weiteren Zeitpunkten in den anschließenden Szenarien, die diesbezüglich nicht mehr kommentiert werden.

Sobald der Abbieger passiert wurde, kehrt das Fahrzeug zur Fahrbahnmitte zurück (unten rechts) und beschleunigt erneut auf Sollgeschwindigkeit (s. v-Signal).

Plötzliche auftauchende Fußgänger

Ähnlich verhält es sich in der anschließenden Verkehrssituation, dargestellt in Abb. 5.8, in der zwei Fußgänger (kleine, türkisene und grüne Quadrate) zwischen parkenden Fahrzeugen (grün und rot) die Straße betreten (Bild oben links). Zu diesem Zeitpunkt ist der Versuchsträger bereits etwa einen Meter von der Straßenmitte abgewichen, um den Sicherheitsabstand zu den am Straßenrand abgestellten Autos (orange, grün, rot) einzuhalten. Im Unterschied zur vorherigen Situation ist die Nebenspur durch herannahenden Gegenverkehr (blau) blockiert. Da die Fußgänger zusätzlich sehr spät „wahrgenommen" werden, kann das autonome Fahrzeug eine Kollision nur durch ein starkes Bremsen verhindern. Hierbei hält allerdings keine der berechneten Trajektorien den parametrierten Sicherheitsabstand von $2.0\,\mathrm{m}$ zu

---

[8]Soll ein Ausweichmanöver auf die aktuelle Spur beschränkt bleiben, etwa bei durchgezogener Mittellinie oder fehlender Nachbarspur, so muss auf Verhaltensebene dies lediglich als Box-Restriktion für $d(t)$ formuliert werden.

den Passanten ein, sodass alle Trajektorien ungültig sind (0/0) und jener Trajektorie bis in den Stand gefolgt wird (Bild oben rechts), die am längsten die Abstandsrestriktion einhält (die maximal zugelassene Verzögerung). Bei diesem Manöver wird kurzzeitig der kinematische Regler aktiviert, da die Grenzgeschwindigkeit des dynamischen Reglers wieder unterschritten wird. Nachdem die Fußgänger die Fahrbahn frei geben (Bild unten links), kann die Fahrt mit Sicherheitsabstand zum letzten geparkten Auto (rot) fortgesetzt werden.

Fahrfehler des einmündenden Seitenstraßenverkehrs
Im nächsten Szenario (s. Abb. 5.9) nähert sich das auf Sollgeschwindigkeit beschleunigende autonome Fahrzeug (Bild oben links) einer Straßeneinmündung am rechten Fahrbahnrand (Bild oben rechts). Da das aus dieser Straße herannahende haltepflichtige Fahrzeug (orange) seine Fahrt nicht verlangsamt, wird zur Kollisionsvermeidung anstelle einer Vollbremsung leicht auf die freie Nachbarspur ausgewichen (links unten). Da vor dem auftauchenden Gegenverkehr (rot) rechtzeitig wieder eingeschert werden kann (Bild unten rechts), wird während des Ausweichmanövers von der vorgegebenen Sollgeschwindigkeit von $30\,\mathrm{km/h}$ kaum abgewichen (s. v-Signal). Eine Reinitialisierung ist hierbei nicht nötig, da aufgrund des sich ankündigenden Fahrfehlers des einmündenden Verkehrs die Trajektorienplanung die Fahrzeugsollposition frühzeitig und gleichmäßig versetzen kann und der Low-level-Trackingregler ohne Schwierigkeiten folgt (s. e_n- und e_t-Signal).

Fahrradfahrer am Straßenrand
Kurz bevor der Passat nach einer vollen Runde seine Anfangsposition wieder erreicht hat, drängen sich von rechts zwei Fahrradfahrer (kleine, schmale, orange und türkisene Rechtecke) auf die Fahrbahn (s. Abb. 5.10, Bild rechts oben), welche mit Sicherheitsabstand überholt werden (untere Bilder), ohne die Fahrspur zu verlassen.

Bei $t = 36.0\,\mathrm{s}$ wird die Sollgeschwindigkeit auf Null reduziert und der Wagen kommt bei $t \approx 42.0\,\mathrm{s}$ zügig aber komfortabel zum Stehen.

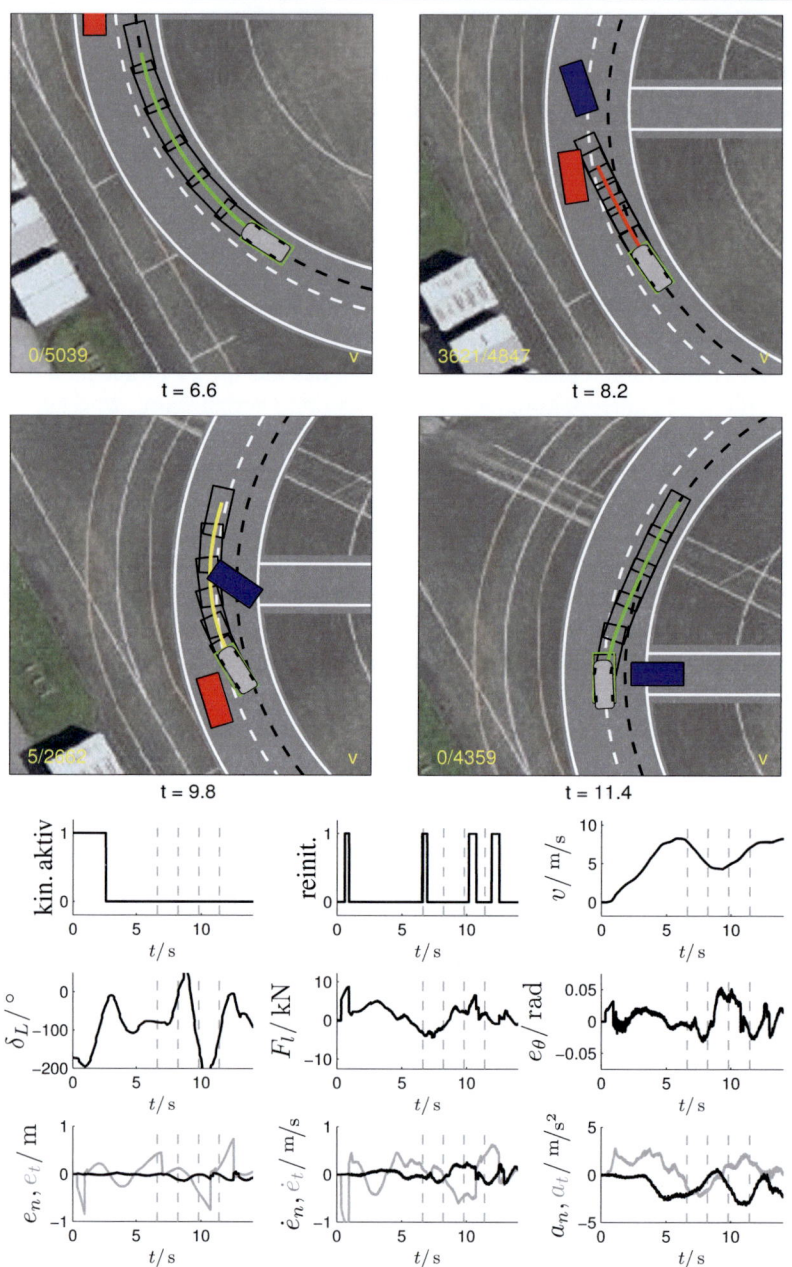

Abbildung 5.7: Fahrfehler des links abbiegenden Gegenverkehrs

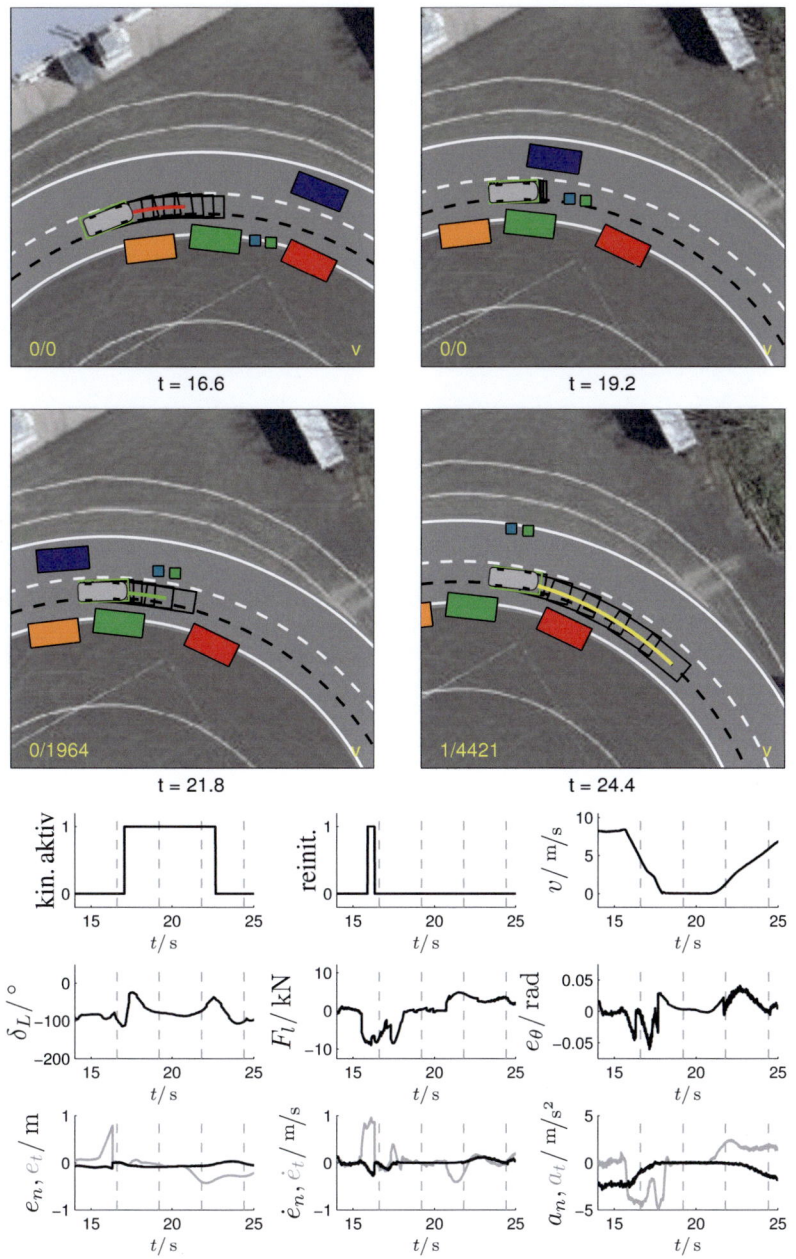

Abbildung 5.8: Fußgänger betreten zwischen parkenden Autos die Fahrbahn

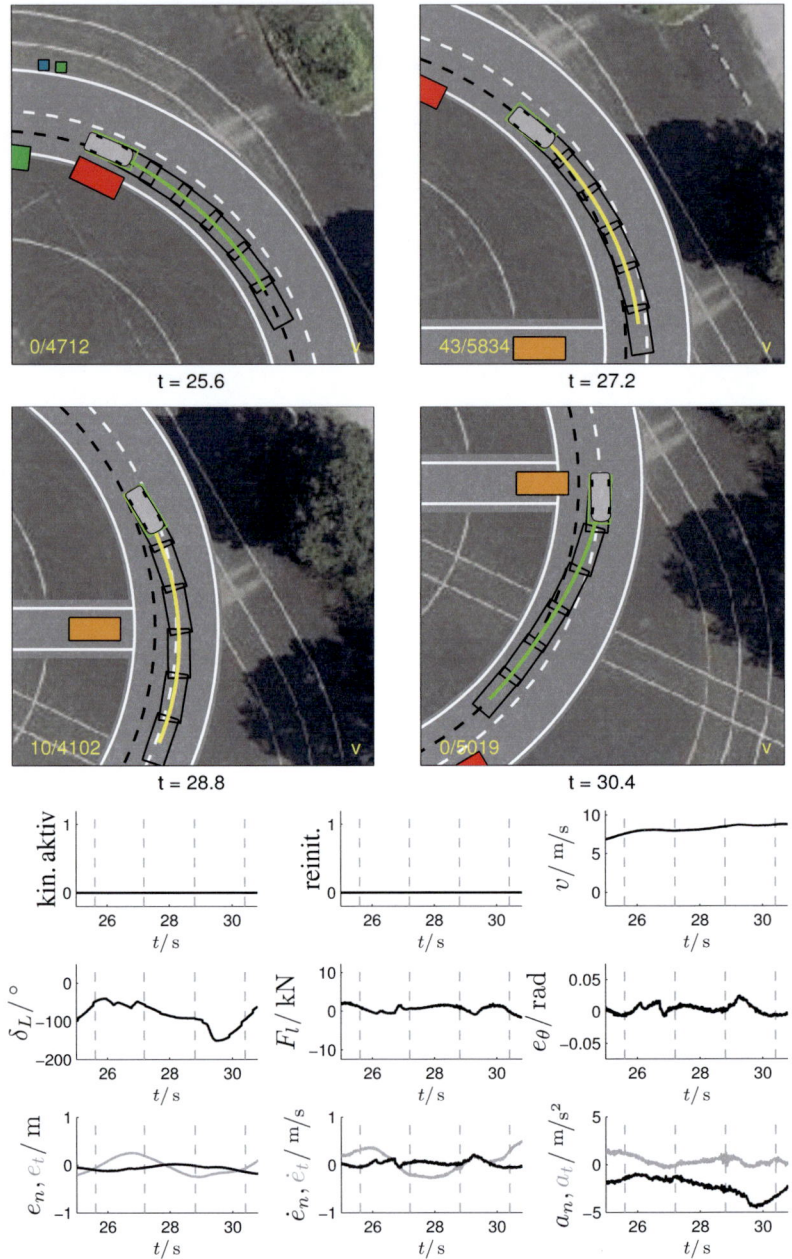

Abbildung 5.9: Fahrfehler des einmündenden Seitenstraßenverkehrs

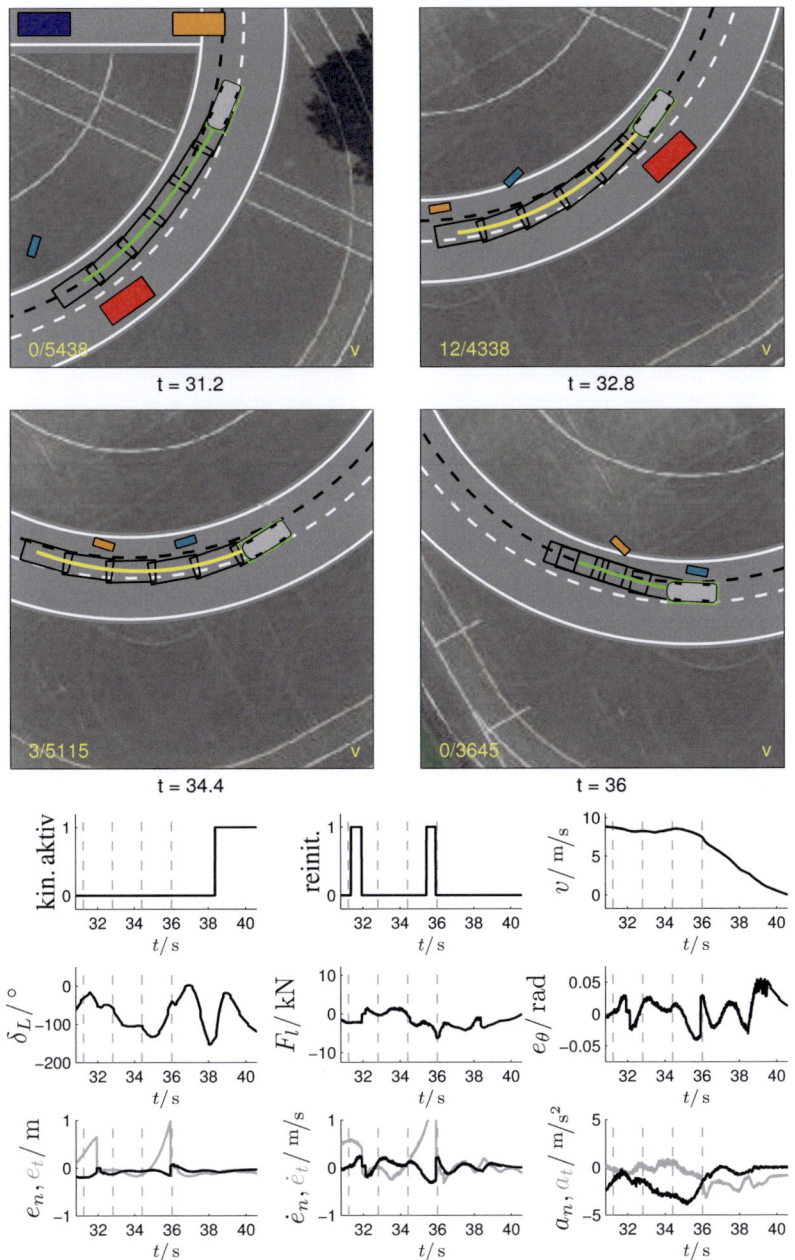

Abbildung 5.10: Überholen zweier am Straßenrand auftauchender Fahrradfahrer

5.3.2   Schnellstraßen-typische Testszenarien

Im Gegensatz zum vorhergehenden Fahrversuch ergeben sich auf Landstraßen oder Autobahnen durch die hohen Absolut- und Relativgeschwindigkeiten der Verkehrsteilnehmer ganz andere Herausforderungen. Darum wird der Fahrtest auf einem freien Flughafengelände unter Simulation typischer Autobahnszenarien fortgesetzt.

Schnellstraßenauffahrt mit Einfädeln

Hierzu befindet sich zu Beginn der Versuchsaufzeichung der Passat bereits mit $45\,\mathrm{km/h}$ auf einer Beschleunigungsspur der Autobahn (s. Abb. 5.11, oben links). Da eine Sollgeschwindigkeit von $120\,\mathrm{km/h}$ vorgegeben wird, beschleunigt das Fahrzeug. Um zwischen dem roten und blauen Lkw einzufädeln, wird die zu verfolgende Längsreferenz genau zwischen die Fahrzeuge gesetzt und mit diesen mitbewegt. Das Fahrzeug beschleunigt daraufhin noch kurze Zeit im Geschwindigkeitsmodus (v) weiter, bis schließlich der konservativere Modus, die Positionsverfolgung (f), vollkommen stoßfrei übernimmt (Bild oben rechts) und der Versuchsträger leicht abbremst (s. F_l-Signal bei $t \approx 15\,\mathrm{s}$), um nicht auf den Vordermann aufzufahren (Bild unten links). Gleichzeitig wird die Referenzkurve (schwarze, gestrichelte Linie) vom Beschleunigungsstreifen auf die Mitte der benachbarten Zielspur gesetzt, sodass während der Geschwindigkeitssynchronisation mit den Lkw bereits der Spurwechsel eingeleitet wird. Der hierdurch erzielte sehr natürliche Einfädelvorgang wird bei $t = 20.2\,\mathrm{s}$ abgeschlossen (Bild unten rechts).

Überholen mit schnell herannahendem PKW auf Nebenspur

Der anschließende Überholvorgang (s. Abb. 5.12) verläuft jedoch mit Zwischenfall. Bei $t = 20.4\,\mathrm{s}$ wird erneut die Referenzkurve um eine Spur nach links versetzt, sodass der geplante Überholvorgang von der Fahrtrajektorie eingeleitet wird (Bild oben links). Ein von hinten mit hoher Geschwindigkeit herannahendes Fahrzeug (grün) wird erst in diesem Moment „wahrgenommen". Um die parametrierten Sicherheitsabstände[9] einzuhalten, wird der Spurwechsel von der Trajektorienplanung noch eine weitere Sekunde hinausgezögert (Bild oben rechts), sodass eine folgenschwere Kollision vermieden wird (Bild unten links) und der Spurwechsel schließlich vollends durchgeführt werden kann (Bild unten rechts).

Ausweichen eines ausscherenden Lkws

Die angestrebte Sollgeschwindigkeit lässt die Trajektoriengenerierung vorbei an einem Lkw (lila) auf der vermeintlich freien Spur beschleunigen (s. Abb. 5.13, Bild oben links), bis ohne Vorankündigung der seitlich vorausfahrende Lkw (orange) bei Tempo 70 zum Überholen ausschert (Bild oben rechts). Da die Nachbarspur frei ist, weicht der Passat schnell nach links aus (Bild unten links) bis die Ge-

---

[9]zugegebener Maßen sehr klein gewählt

fahr vorüber ist und auf die mittlere Fahrspur zurückgekehrt werden kann (Bild unten rechts). Während dieses Vorgangs beschleunigt das Fahrzeug immer weiter. Hierbei reicht allerdings aufgrund des hohen Zusatzgewichts von mehreren Hundert Kilogramm die Antriebskraft des Motors nicht, um die geplante Sollbeschleunigung zu realisieren, sodass im Folgenden mehrmals reinitialisiert wird (s. Abb. 5.14, e_t-Signal).

Aussteuerung einer kräftigen Seitenwindböe

Kurz bevor die angestrebte Endgeschwindigkeit von $120\,\mathrm{km/h}$ erreicht ist, „erfasst" das Fahrzeug eine kurze aber kräftige Windböe, welche der Sicherheitsfahrer durch einen impulsartigen Lenkeingriff simuliert (s. Lenkradwinkel δ_L und Querbeschleunigung a_n in Abb. 5.14 bei $t \approx 38.5\,\mathrm{s}$). Da sich die damit verbundene, plötzliche Kursänderung (s. e_θ-Signal) in der Zeitableitung des Querfehlers (s. $\dot{e}_n$-Signal) bemerkbar macht, wird sofort die Trajektorienplanung im Sinne der High-level-Stabilisierung reinitialisiert (Bild oben rechts). Aufgrund der freien Autobahn müssen beim Abfangen des Fahrzeugs keine großen Querbeschleunigungen in Kauf genommen werden. Stattdessen wird der Randbereich der linken Nebenspur wieder genutzt, und das Fahrzeug kehrt ruhig, ähnlich einem planmäßigen Spurwechsel, zurück auf die ursprüngliche Fahrbahnmitte (Bilder unten). Dort wird kurz darauf die Zielgeschwindigkeit von $120\,\mathrm{km/h}$ erreicht und der Fahrversuch endet.

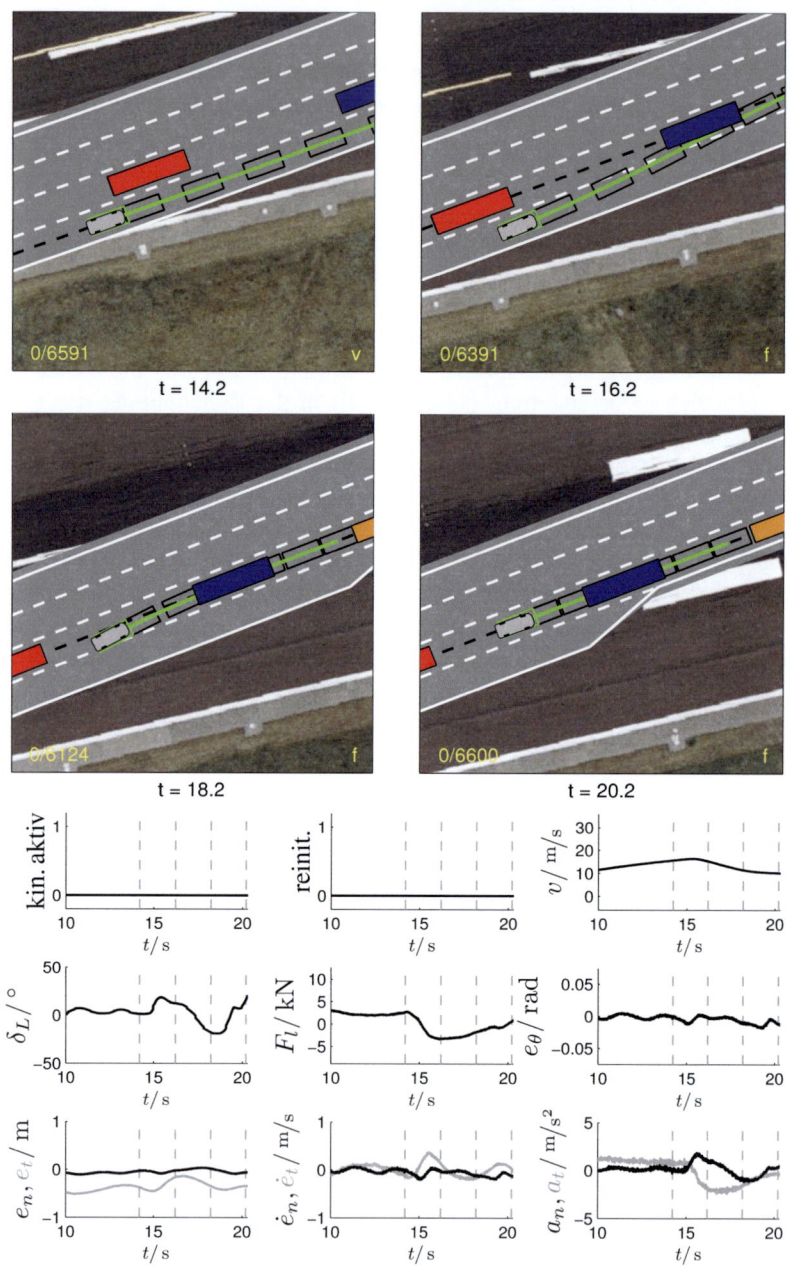

Abbildung 5.11: Schnellstraßenauffahrt mit Einfädeln

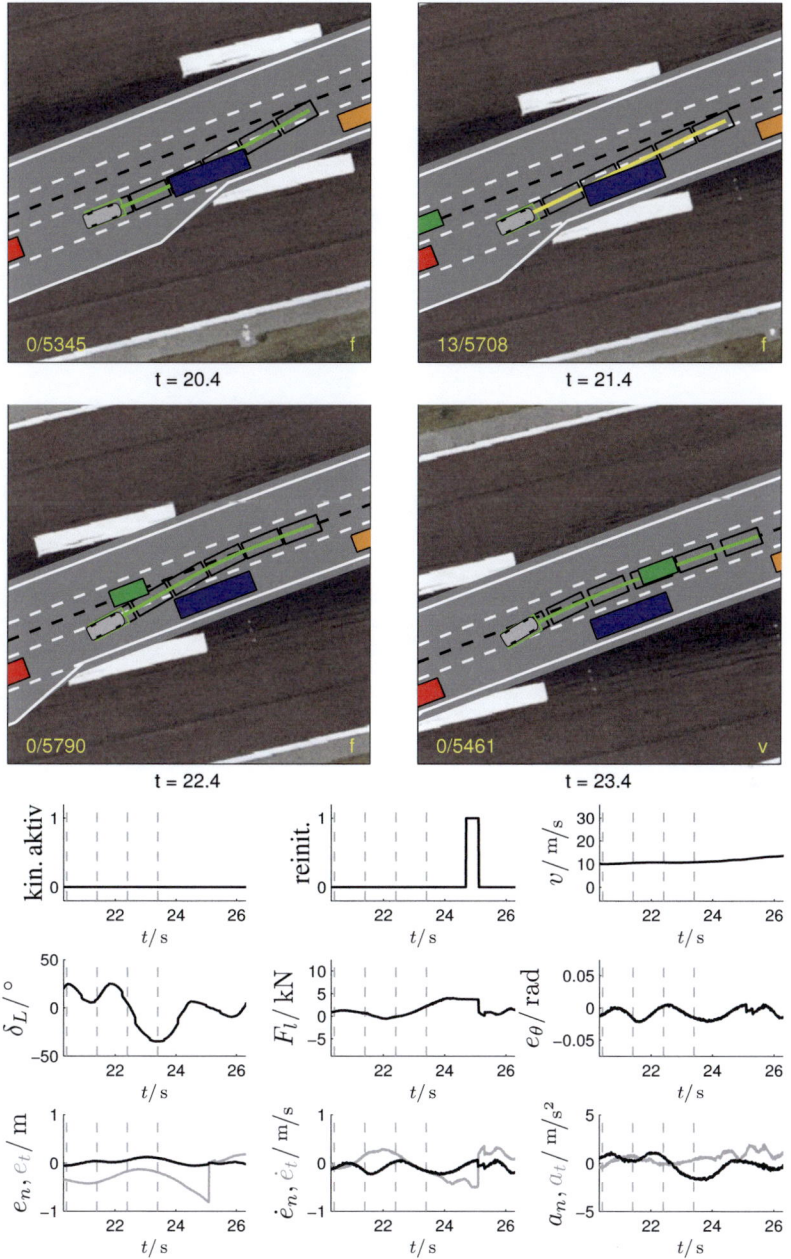

Abbildung 5.12: Überholmanöver mit herannahendem Verkehr auf Nebenspur

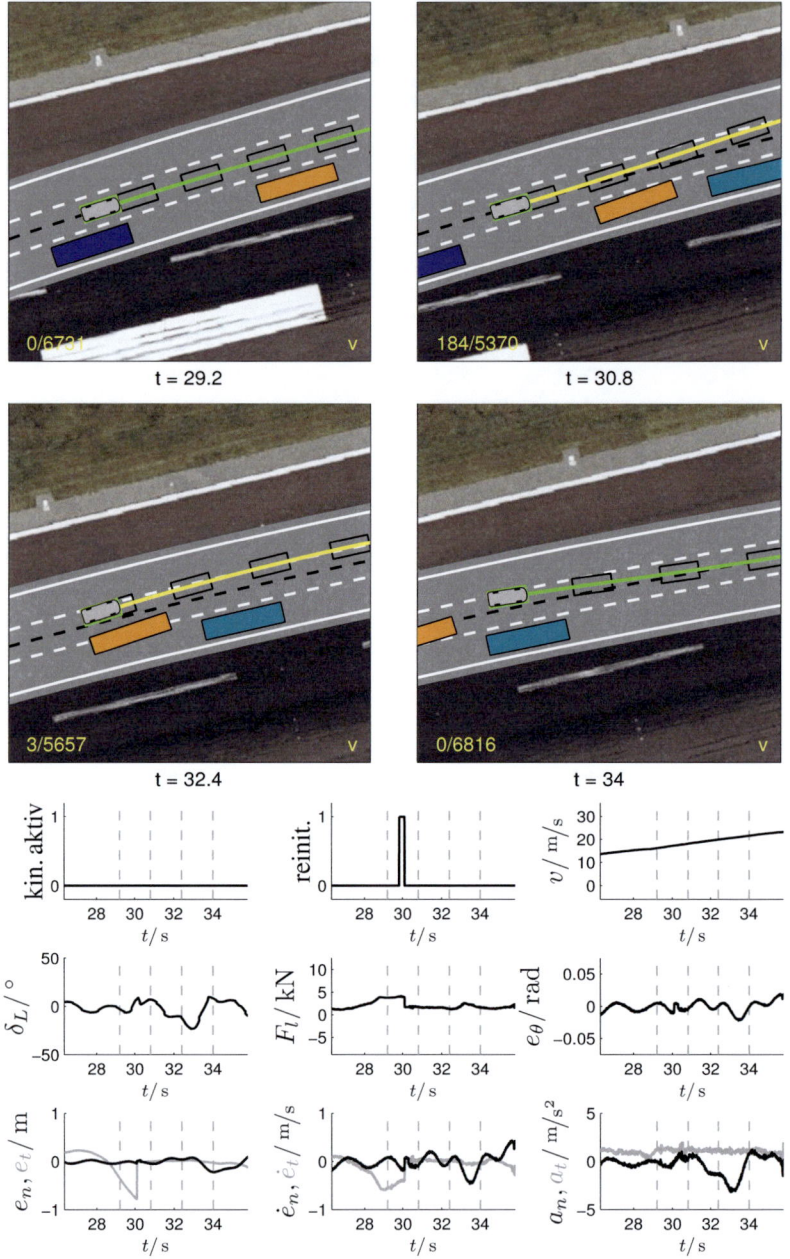

Abbildung 5.13: Ausweichmanöver aufgrund von ausscherendem Lkw

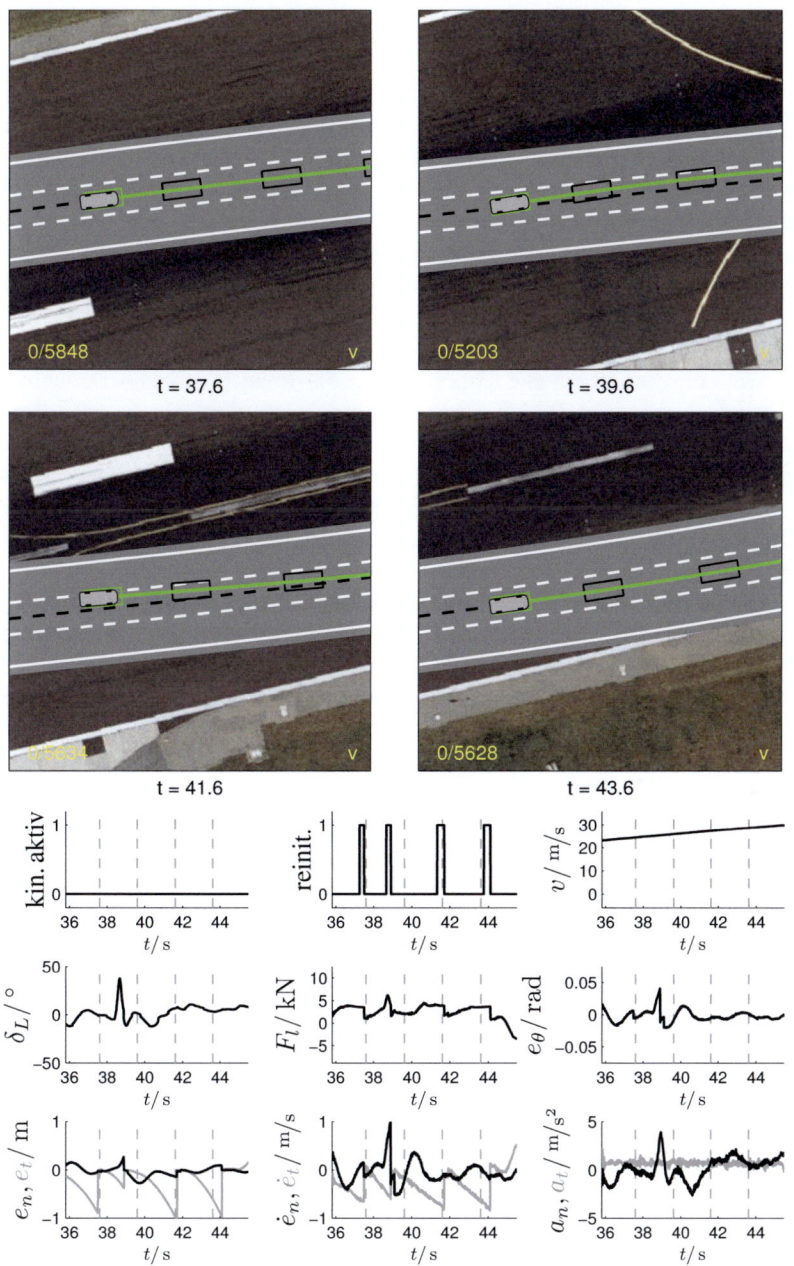

Abbildung 5.14: Aussteuerung einer kräftigen Seitenwindböe

5.4 Diskussion der Versuchsergebnisse

Die Trajektorienplanung liefert für die beschriebenen zeitkritischen Verkehrsszenarien sehr gute Ergebnisse. Während sie sich in (aus Sicht der Verhaltensebene) geplanten Situationen durch eine unauffällige, für die Insassen äußerst komfortable Fahrweise mit ruhigen Lenk- und dosierten Pedalbewegungen auszeichnet, werden ebenso sicher wie souverän die vielen plötzlich auftretenden kritischen Situationen beherrscht. Selbstverständlich existieren Verkehrssituationen, in denen, wenn auch hier nicht demonstriert, die Fahrphysik keine Kollisionsvermeidung zulässt.[10]

Des Weiteren bestätigen die Fahrversuche die hohe praktische Bedeutung der Bi-level-Stabilisierung. In der Abwesenheit von Impulsstörungen wird durch die Low-level-Regler der schwerpunktsbezogene Querfehler $e_n(t)$ bei Geschwindigkeiten von bis zu $120\,\mathrm{km/h}$ unter $19\,\mathrm{cm}$ gehalten, was bei Vorausschaulängen λ von bis zu $15\,\mathrm{m}$ während der Ausweichmanöver nur durch die vorgelagerten Sollgrößentransformationen und durch Berücksichtigung der nichtlinearen Kopplungseffekte der Reifen zu bewerkstelligen ist.

Die auftretenden Längsfehler $e_t(t)$ von unter $1\,\mathrm{m}$ sind zwar unkritisch, da in Längsrichtung (mit Ausnahme des Einparkens, bei dem bahnbasierte Systeme aufgrund der weitgehend statischen Umgebung ohnehin zu bevorzugen sind) der Sicherheitsabstand viel größer gewählt werden kann, ohne den Verkehrsfluss zu gefährden. Bei einem direkten Zugriff auf die Motorsteuerung und das Automatikgetriebe sowie bei einer Modifikation des Bremskraftverstärkers ist hier jedoch zusätzlich mit einer drastische Fehlerreduktion zu rechnen.

Beim Auftreten der simulierten Windböe hingegen ist eine isolierte Low-level-Regelung mit Sicherheit überfordert, sodass unkomfortable, unflüssige Fahrbewegungen, wenn nicht gar Stellgrößensättigungen und Instabilitäten die Folge sind. Durch die in diesen Situationen jedoch frühzeitig eingreifende High-level-Stabilisierung werden hingegen mit Hilfe des Reinitialisierungsmechanismus und der präzise arbeitenden Eigenbewegungsprädiktion (s. Trackingfehler e_t und e_n sowie deren zeitliche Ableitungen $\dot{e}_t$ und $\dot{e}_n$ unmittelbar nach einer Reinitialisierung) die Regelstrecke erfolgreich stabil gehalten, ohne dass die Robustheit gegen permanente Fehler und Modellungenauigkeiten verloren geht.

Bleibt noch zu bemerken, dass selbst bei Geschwindigkeiten über den hier demonstrierten keine (etwa geschwindigkeitsabhängige) Parameteranpassung (sog. *Gain-scheduling*) erforderlich ist. Lediglich dem bei hohen Geschwindigkeiten

---

[10]In dem Fall ist die Trajektorienplanung so implementiert, dass in jedem Schritt der längsten kollisionsfreien Trajektorie gefolgt wird.

stark reduzierten Beschleunigungspotential des Fahrzeugantriebs muss zukünftig
(s. Abb. 5.14) in den Restriktionen der Trajektorienplanung Rechnung tragen werden.

5.5 Zusammenfassung

Das vorliegende Kapitel demonstriert anhand praxisnaher Fahrversuche die ein-
wandfreie Funktionsweise des zuvor entworfenen Gesamtsystems.

Nach kurzer Beschreibung aller wichtigen Hardware- und Softwarekomponenten
des Versuchsträgers wird zunächst eine Vergleichsfahrt bei langsamer Vorwärtsfahrt zwischen dem Lyapunov-basierten Regler mit und dem ohne Orientierungsstabilisierung durchgeführt. Wie theoretisch erwartet, zeigt sich auch praktisch die
Überlegenheit des Reglers ohne Orientierungsstabilisierung im Hinblick auf den
Stellaufwand und die Stellgrößensättigung, sodass der orientierungsstabilisieren-
de Regler im Gesamtsystem ausschließlich zur Rückwärtsfahrt eingesetzt wird, die
nur dieser beherrscht.

Die anschließenden realitätsnahen Testszenarien stellen mittels Simulation der
Wahrnehmungs- und Verhaltensebene das Versuchsfahrzeug auf die Probe. Während im nachgestellten Innenstadtverkehr Vorfahrtsmissachtungen sowie unvor-
sichtige Fahrradfahrer und Fußgänger die reaktive Schicht fordern, sind es im
fingierten Autobahnverkehr ein fremdverschuldeter Spurwechselfehler sowie ein
beim Überholen von der eigenen Wahrnehmung (simulativ absichtlich) zu spät er-
kannter Verkehrsteilnehmer.

In sämtlichen Situationen kann das abgestimmte Zusammenspiel der einzelnen reaktionsschnellen Algorithmen durch souveränes, störungsrobustes sowie intuitiv
nachvollziehbares Verhalten überzeugen.

KAPITEL 6

Zusammenfassung

Das Ziel der vorliegenden Arbeit besteht darin, ein echtzeitfähiges Gesamtkonzept zur Bewegungsplanung und -stabilisierung von zeitkritischen Fahrmanövern zu entwickeln, das autonome Fahrzeuge befähigt, in komplexen dynamischen Verkehrsszenarien sicher zu navigieren. Hierzu werden erhebliche Defizite bestehender bahnbasierter Algorithmen sowohl im Bereich der Bewegungsgenerierung als auch Fahrzeugregelung durch den konsequenten Einsatz von neuen, trajektorienbasierten Lösungen beseitigt.

Zunächst werden in Kapitel 2 qualitative und quantitative Untersuchungen zur High- und Low-level-Stabilisierung anhand von Simulationen durchgeführt, aus denen auf Basis einer schwellwertbasierten Reinitialisierungsstrategie der Planungsebene die vorteilhafte Bi-level-Stabilisierung abgeleitet werden kann. Da sie, praktisch belegt, die passende Stabilisierungsmethode abhängig von der vorherrschenden Störungsart liefert, gewinnt der geschlossene Regelkreis enorm an Robustheit und Regelqualität. Das entwickelte Konzept wird in den anschließenden Kapiteln sowohl theoretisch als auch praktisch umgesetzt.

Im Kapitel 3 wird erstmalig ein echtzeitfähiges Verfahren zur Trajektorienplanung bei bewegenden Hindernissen entwickelt, das den Einsatz von Lenkung und Gas/Bremse kombiniert optimiert.
Nach einer zielgerichteten Analyse bestehender Bewegungsplanungsalgorithmen wird das Trajektoriengenerierungsproblem mit Hilfe sog. Frenet-Koordinaten formuliert und durch Anpassung einer diskreten Zielmannigfaltigkeit für verschiedene Betriebsmodi, wie Folgefahren, Geschwindigkeitshalten, Einfädeln oder Anhalten, verallgemeinert. Durch eine vereinfachende Approximation des sich ergebenden zeitvarianten, restringierten Optimalsteuerproblems, können geschlossene Lösungen für die Quer- und Längsbewegung des Fahrzeugs hergeleitet werden, deren Überlagerung das Originalproblem in Echtzeit hinreichend genau lösen. Aufgrund der Einhaltung des Bellman-Prinzips wird unter bestimmten

Voraussetzungen die gerade für hohe Geschwindigkeit wichtige Stabilität der über der Zeit rückgekoppelten Generierungsmethode garantiert, sodass insgesamt eine verlässliche halb-reaktive Schicht entsteht, die Langzeitziele (>3.0 s), wie einen Spurwechsel, mit einer für unvorhersehbare Ereignisse wichtigen Kollisionsvermeidung auf einem kurzen Zeithorizont (<3.0 s) kombiniert.

Anschließend wird in Kapitel 4, nach einer zielgerichteten Analyse etablierter Bahnregelungen, die zuvor berechnete optimale Trajektorie mit Hilfe dreier neuer Low-level-Trackingregelungen stabilisiert. Diese besitzen die wichtige praktische Eigenschaft der Positions- und Orientierungsinvarianz und decken komplementär den gesamten Einsatzbereich eines autonomen Fahrzeugs ab.

Der entwickelte Lyapunov- und Backstepping-basierte Regler zeichnet sich durch höchste Präzision bei langsamer Rückwärtsfahrt aus. Im Unterschied zu der standardmäßigen flachheitsbasierten Regelung umgeht dieser die Singularität, welche bei Einsatz des erweiterten Entwurfsmodells im Stillstand auftritt. Dadurch wird ein ruhiges Anfahren und Anhalten des Fahrzeugs erzielt. Bei Vorwärtsfahrt übernimmt ein ähnlich hergeleiteter Regler ohne Orientierungsstabilisierung, der jedoch bei gleicher hoher Genauigkeit die (nachgewiesene) Minimalphasigkeit bei Vorwärtsfahrt zu Gunsten geringerer Lenkamplituden ausnutzt.

Anschließend wird für das dynamische Einspurmodell mit nichtlinearer, querlängs-gekoppelter Reifencharakteristik auf Basis der exakten E/A-Linearisierung das Tracking-Reglergesetz für den mittleren bis hohen Geschwindigkeitsbereich hergeleitet und für die sich ergebende Nulldynamik Stabilität nachgewiesen.

Für die letzteren beiden Regler erfolgt eine vorgelagerte Sollgrößentransformation zur Vermeidung sicherheitskritischer Schleppeffekte. Im Gegensatz zur Regelung des dynamischen Einspurmodells, bei dem dies durch numerisches Lösen der Nulldynamik-DGL erzielt wird, kann beim kinematischen Einspurmodell vereinfachend dessen Flachheitseigenschaft genutzt werden.

Abschließend werden die zur impulsstörungsrobusten High-level-Stabilisierung erforderlichen Formeln des schwellwert- und prädiktionsbasierten Reinitialisierungsmechanismus aufgestellt.

In Kapitel 5 wird ein Überblick über die hardware- und softwaretechnische Umsetzung einschließlich der entworfenen unterlagerten Regler im Versuchsfahrzeug gegeben. Die anschließende praktische Vergleichsfahrt zwischen den beiden konkurrierenden Trackingreglern für die langsame Fahrt aus Kap. 4 bestätigt den für die Vorwärtsfahrt bereits theoretisch erwarteten Vorteil des Reglers ohne Orientierungsstabilisierung, sodass er in den anschließenden Versuchsfahrten gegenüber dem Regler mit Orientierungsstabilisierung den Vorzug erhält.

Die folgenden praktischen Fahrversuche belegen auf Basis acht komplexer, zeitkritischer Straßenszenarien aus dem Innenstadt- und Autobahnverkehr die hohe Leistungsfähigkeit des Gesamtsystems, was abschließend ausgiebig diskutiert wird.

Mit dem im Rahmen der vorliegenden Arbeit entwickelten Gesamtkonzept wird ein deutlicher Fortschritt gegenüber dem Stand der Technik realisiert. Nicht ohne Grund werden große Teile der im Rahmen dieser Arbeit entstandene Software aktuell auf Stanfords Versuchsfahrzeug *Junior*[1] eingesetzt.

Die wesentlichen **theoretischen Ergebnisse** der Arbeit sind:

1. Neuartiger Entwurf eines schnellen Generierungsverfahrens für halb-reaktive Fahrtrajektorien verschiedenster Betriebsmodi mit Bellman-basierter Stabilitätsgarantie, welches erstmalig den Einsatz von Lenkung, Gas und Bremse in dynamischen Verkehrsszenarien kombiniert optimiert.

2. Ableitung und Umsetzung der störungsrobusten Bi-level-Stabilisierung auf Basis eines fehlerabhängigen Reinitialisierungsmechanismus zur Vereinigung der Vorteile bestehender Stabilisierungsstrategien.

3. Erstmaliger Entwurf einer Trackingregelung für ein reales Straßenfahrzeug für mittlere bis hohe Geschwindigkeiten unter Berücksichtigung nichtlinearer Längs-quer-Kopplungseffekte der Reifen und Wahrung der Invarianz des Fahrzeugs.

4. Erstmaliger Entwurf zweier (komplementärer) Trackingregler im niedrigen Geschwindigkeitsbereich, welche darüber hinaus singularitätsfrei eine Zielverfolgung bis in den Stand ermöglichen.

5. Ableitung von neuartigen (statischen sowie dynamischen) Sollgrößentransformationen zur vollständigen Kompensation von Schleppfehlern beim Einsatz robuster Ausgangsregelungen.

6. Modifikation nichtlinearer Fahrzeugmodelle unter Berücksichtigung der speziellen Anforderungen einer präzisen Trackingregelung.

Zu den wesentlichen **praktischen Ergebnissen** der Arbeit zählen:

1. Prototypische Echtzeitimplementierung aller Planungs- und Stabilisierungsalgorithmen in C/C++ und Matlab/Simulink.

---

[1] http://cs.stanford.edu/group/roadrunner

2. Integration und Abstimmung des reaktionsschnellen Gesamtsystems auf dem mitentwickelten Versuchsträger.

3. Versuchsdurchführung und -auswertung von acht, zeitkritischen Testszenarien aus dem Innenstadt- und Autobahnverkehr mit bis zu $120\,\mathrm{km/h}$.

4. Modulare Anwendungserweiterung, intuitive Parametrisierung und einfache Integration in die Gesamtarchitektur des autonomen Fahrzeugs durch Anpassung des Optimalitätskriteriums und der Zielmengen im vorgestellten Planungsalgorithmus.

5. Entwurf einer unterlagerten Split-Range-Beschleunigungsregelung zur präzisen Zielverfolgung bis in den Stand.

6. Natürliche Fahrzeugbewegungen durch geschwindigkeitsinvariante, ruckoptimale Trajektoriengenerierung.

Die vielversprechenden Ergebnisse der angewandten Methodik motivieren die Fortführung dieser Forschungsaktivität, die autonome Fahrzeuge weiter in den realen Straßenverkehr vordringen lassen sollte. Hierbei sind **zwei Hauptrichtungen** einzuschlagen:

1. Während die vorgestellte Trajektorienplanung mit ihrem Kostenfunktional auf einen ruhigen Verkehrsfluss abzielt, steht in absoluten Notsituationen ausschließlich die Fahrphysik im Vordergrund, sodass ganz andere Gütekriterien (z. B. optimale Nutzung der Kraftschlusspotentiale [61]) zu maximieren sind. Aufgrund des gesteigerten Schwierigkeitsgrads im Grenzbereich wird hierbei wohl eine Low-level-Stabilisierung immer schwieriger. Ein Lösungsansatz vermag eine High-level-Stabilisierung auf Planungsebene in Kombination mit einer Integrator-stabilisierten Querbeschleunigungsregelung sein, ggf. mit Einzelradbremsung, gezielter Antriebsmomentenverteilung oder gar aktiver Hinterachskinematik.

2. In anderen Situationen wiederum können von vornherein extreme Manöver durch Berücksichtigung von Defiziten der Umfeldwahrnehmung und Uneindeutigkeiten der Verkehrsteilnehmerprädiktion vermieden werden, indem durch Einsatz probabilistischer Methoden das (wenn auch schwer abzuschätzende) Risiko eines Manövers minimiert wird.

In jedem Fall wird, auch bei ständig steigender Rechenleistung, die echtzeitfähige Umsetzung der Trajektoriengenerierung eine große Herausforderung bleiben.

Anhang

A.1 Transformationen zwischen Bahn- und Weltkoordinaten

Eine Herausforderung der für die Trajektorienplanung erforderlichen Transformationen $[s, \dot{s}, \ddot{s}, d, \dot{d}, \ddot{d}] \mapsto [x_1, x_2, \theta, \kappa, v, a](t)$ zwischen Fahrbahn- und Weltkoordinaten (s. Abb. 3.4) stellt die Hebung der Singularität bei $v = 0$ in der Kurswinkel- und Krümmungsberechnung dar. Dieser kann jedoch begegnet werden, indem zunächst die (bei langsamer Fahrt ohnehin erforderliche) Transformation $[s, \dot{s}, \ddot{s}, d, d', d''] \mapsto [x_1, x_2, \theta, \kappa, v, a](t)$ hergeleitet wird, welche die Singularität nicht aufweist.

Da die bahnrelativen Bewegungen der geplanten Trajektorien nur einen Sonderfall der invarianten Fehlerdynamik aus Abschn. 4.2.3 mit $e_t(t) \equiv 0$ darstellen, kann zur Transformation zwischen Bahn- und Weltkoordinaten auf die dortigen Ergebnisse zurückgegriffen werden.

Mit den entsprechenden Bezeichnern $d \mathrel{\widehat{=}} e_n$, $\kappa_r \mathrel{\widehat{=}} \kappa_d$, $\dot{s} \mathrel{\widehat{=}} v_d$ und $v \mathrel{\widehat{=}} v$ sowie $\Delta\theta := \theta - \theta_r \mathrel{\widehat{=}} e_\psi$ liefert (4.10a) und (4.10b) die Zusammenhänge

$$\dot{s}[1 - \kappa_r d] = v \cos \Delta\theta \tag{A.1}$$

$$\dot{d} = v \sin \Delta\theta$$

und damit sowohl

$$v = \sqrt{[1 - \kappa_r d]^2 \dot{s}^2 + \dot{d}^2}, \tag{A.2}$$

als auch

$$d' = \frac{\mathrm{d}}{\mathrm{d}s} d = \frac{\mathrm{d}t}{\mathrm{d}s} \frac{\mathrm{d}}{\mathrm{d}t} d = \frac{\dot{d}}{\dot{s}} = [1 - \kappa_r d] \tan \Delta\theta. \tag{A.3}$$

Mit den letzten beiden Gleichungen und der von der Trajektorie zurückgelegten Wegstrecke s_{tr} ergibt sich des Weiteren

$$\frac{\mathrm{d}}{\mathrm{d}s} = \frac{\mathrm{d}s_{\mathrm{tr}}}{\mathrm{d}s}\frac{\mathrm{d}}{\mathrm{d}s_{\mathrm{tr}}} = \frac{\mathrm{d}s_{\mathrm{tr}}}{\mathrm{d}t}\frac{\mathrm{d}t}{\mathrm{d}s}\frac{\mathrm{d}}{\mathrm{d}s_{\mathrm{tr}}} = \frac{v}{\dot{s}}\frac{\mathrm{d}}{\mathrm{d}s_{\mathrm{tr}}} = \frac{1-\kappa_r d}{\cos\Delta\theta}\frac{\mathrm{d}}{\mathrm{d}s_{\mathrm{tr}}},$$

sodass sich mit $\kappa := \frac{\mathrm{d}}{\mathrm{d}s_{\mathrm{tr}}}\theta$ die Wegableitung des Differenzwinkels zu

$$\frac{\mathrm{d}}{\mathrm{d}s}\Delta\theta = \left[\kappa\frac{1-\kappa_r d}{\cos\Delta\theta} - \kappa_r\right] \tag{A.4}$$

ergibt. Erneutes Differenzieren von d' liefert

$$d'' = -[\kappa_r' d + \kappa_r d']\tan\Delta\theta + \frac{1-\kappa_r d}{\cos^2\Delta\theta}\left[\kappa\frac{1-\kappa_r d}{\cos\Delta\theta} - \kappa_r\right]. \tag{A.5}$$

Da sich das Fahrzeug in Straßennähe bewegt und somit $|\Delta\theta| < \frac{\pi}{2}$ und $1 - \kappa_r d > 0$ gilt, können (A.3) und (A.5) nach θ und κ, auch im Falle $v = 0$, aufgelöst werden. Abermalige Zeitableitung liefert schließlich mit (A.4) die noch fehlende Längsbeschleunigung

$$a := \dot{v} = \ddot{s}\frac{1-\kappa_r d}{\cos\Delta\theta} + \dot{s}\frac{\mathrm{d}s}{\mathrm{d}t}\frac{\mathrm{d}}{\mathrm{d}s}\frac{1-\kappa_r d}{\cos\Delta\theta} =$$
$$\ddot{s}\frac{1-\kappa_r d}{\cos\Delta\theta} + \frac{\dot{s}^2}{\cos\Delta\theta}\left[[1-\kappa_r d]\tan\Delta\theta\left[\kappa\frac{1-\kappa_r d}{\cos\Delta\theta} - \kappa_r\right] - [\kappa_r' d + \kappa_r d']\right]. \tag{A.6}$$

Zur Transformation für die schnelle Fahrt ($\dot{s} \neq 0$) brauchen die Zusammenhänge

$$\dot{d} = \frac{\mathrm{d}}{\mathrm{d}t}d = \frac{\mathrm{d}s}{\mathrm{d}t}\frac{\mathrm{d}}{\mathrm{d}s}d = \dot{s}d' \tag{A.7}$$

$$\ddot{d} = \frac{\mathrm{d}}{\mathrm{d}t}\dot{s}d' = \ddot{s}d' + \dot{s}\frac{\mathrm{d}s}{\mathrm{d}t}\frac{\mathrm{d}}{\mathrm{d}s}d' = \ddot{s}d' + \dot{s}^2 d'' \tag{A.8}$$

nur sequentiell nach d' und d'' aufgelöst und in die zuvor berechneten Transformationsgleichungen eingesetzt werden, sodass dort keine Strichgrößen mehr existieren. $\qquad\square$

A.2 Projektion auf abgetastete 2d-Kurven

Da in autonomen Fahrzeugen (s. Abschn. 2.1.1) die Repräsentation beliebiger Kurven durch abgetastete Punkte für maximale Flexibilität bei der Implementierung

sorgt, wird kurz ein effizientes numerisches Verfahren zur Referenzpunktprojekti-
on auf Polygonzüge vorgestellt, welches ebenfalls bei der Trajektorienplanung in
Kap. 3 eingesetzt wird.

Das einfachste Projektionsverfahren [101] basiert auf der Abstandsminimierung
zum Polygonzug, wie in Abb. A.1(a) dargestellt. Hierbei kommt es jedoch in den
Bereichen der Polynomzugecken zu Unstetigkeiten, da die Projektion vom Kur-
venäußeren (Abb. A.1(a) schraffierter Bereich) auf den Ecken „einrastet", während sie beim Kurveninneren springt (nicht dargestellt), sodass eine hochfrequente
Anregung des geschlossenen Regelkreises entsteht, welche die Hardware unnötig
belastet und den Fahrkomfort herabsetzt.

Da der Polygonzug durch Abtastung einer mindestens C^2-stetigen[1] Kurve entsteht,
kann der nachteilige Effekt durch Ausnutzung der Orientierungsinformation θ_c
der Originalkurve an den abgetasteten Stellen vollständig vermieden werden. Mittels sog. *Bi-Kurven*[2] werden in [96] geschlossene Lösungen abgeleitet, deren pro-
grammtechnische Umsetzung jedoch nicht ganz einfach ist, da numerische Probleme aufgrund von Rundungsfehlern umgangen werden müssen. Aus diesem Grund
wird im Folgenden die Kombination aus einer linearen Interpolation und einer ein-
dimensionalen Nullstellensuche durchgeführt.

Wird zunächst von der über die Bogenlänge s parametrisierten Originalkurve ausgegangen, so gilt für die Projektion die Gleichung

$$[\boldsymbol{x} - \boldsymbol{x}_\mathrm{c}(s_p)] \cdot \boldsymbol{t}(s_p) = 0, \tag{A.9}$$

wobei $\boldsymbol{x}^\mathrm{T} = [x_1, x_2]$ die zu projizierende Position, $\boldsymbol{x}_c^\mathrm{T}(s_p) = [x_{1c}(s_p), x_{2c}(s_p)]$
die Projektion auf die Kurve und $\boldsymbol{t}(s_p) = [\cos\theta_c(s_c), \sin\theta_c(s_c)]^\mathrm{T}$ die Tangente in
$\boldsymbol{x}_c(s_p)$ darstellen.

Die vektorielle Funktion $\boldsymbol{\gamma}(s) := [x_{1c}(s), x_{2c}(s), \theta_c(s)]^\mathrm{T}$ der Originalkurve
wird als nächstes zwischen den benachbarten Abtastpunkten in s_n und s_{n+1},
$s_n \leq s < s_{n+1}$ entsprechend

$$\boldsymbol{\gamma}(s) \approx \boldsymbol{\gamma}_\alpha(s) := [1 - \alpha(s)]\boldsymbol{\gamma}(s_n) + \alpha(s)\boldsymbol{\gamma}(s_{n+1})$$

$$\mathrm{mit} \quad \alpha(s) = \frac{s - s_n}{s_{n+1} - s_n} \in [0\ldots1)$$

interpoliert und zur approximativen Berechnung von $\boldsymbol{x}_c(s)$ und $\theta_c(s)$ in Gleichung
(A.9) herangezogen. Die damit verbundene eindimensionale Nullstellensuche über
s_p kann problemlos mit Hilfe des Sekantenverfahrens erfolgen, welches in der
Praxis schnell konvergiert. Das Ergebnis der stetigen Projektion ist in Abb. A.1(b)
dargestellt.

---

[1] zweifach stetig differenzierbar
[2] Verbindung zweier aufeinanderfolgender Punkt-Richtungs-Vektoren durch zwei Kreisbögen

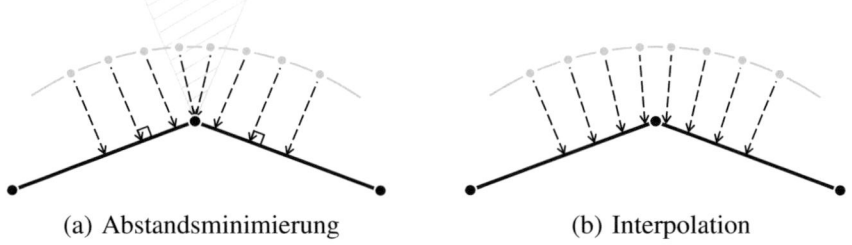

(a) Abstandsminimierung   (b) Interpolation

Abbildung A.1: Unterschiedliche 2d-Projektionsmethoden des Fahrzeugreferenz-punktes (grau) auf einen Polygonzug (schwarz)

A.3 Taylor-Näherung im Lyapunov-basierten Regler

Zur Hebung der Definitionslücken des Reglergesetzes in Abschn. 4.2.3.2 bei $x = 0$ können die folgenden Terme in der kritischen Umgebung durch ihre Taylorreihe angenähert werden:

$$\frac{\cos x - 1}{x} = -\frac{1}{2}x + \frac{1}{24}x^3 - \frac{1}{720}x^5 + \mathcal{O}(x^7) \tag{A.10}$$

$$\frac{\sin x}{x} = 1 - \frac{1}{6}x^2 + \frac{1}{120}x^4 - \frac{1}{5040}x^6 + \mathcal{O}(x^7) \tag{A.11}$$

$$\frac{\mathrm{d}}{\mathrm{d}x}\left[\frac{\cos x - 1}{x}\right] = -\frac{1}{2} + \frac{1}{8}x^2 - \frac{1}{144}x^4 + \frac{1}{5760}x^6 + \mathcal{O}(x^7) \tag{A.12}$$

$$\frac{\mathrm{d}}{\mathrm{d}x}\left[\frac{\sin x}{x}\right] = -\frac{1}{3}x + \frac{1}{30}x^3 - \frac{1}{840}x^5 + \mathcal{O}(x^7) \tag{A.13}$$

A.4 Beweis von Satz 5

Die Zeitableitung des Ausgangs $\tilde{\boldsymbol{y}}_d$ liefert

$$\begin{bmatrix} \dot{\tilde{y}}_{d1} \\ \dot{\tilde{y}}_{d2} \end{bmatrix} = \begin{bmatrix} \dot{y}_{d1} \\ \dot{y}_{d2} \end{bmatrix} + \lambda\dot{\psi}_d \begin{bmatrix} -\sin\psi_d \\ \cos\psi_d \end{bmatrix},$$

wodurch sich das Geschwindigkeitsquadrat zu

$$\tilde{v}_d^2 = \dot{\tilde{y}}_{d1}^2 + \dot{\tilde{y}}_{d2}^2 = \dot{y}_{d1}^2 + \dot{y}_{d2}^2 - 2\lambda\dot{\psi}_d[\dot{y}_{d1}\sin\psi_d - \dot{y}_{d2}\cos\psi_d] + \lambda^2\dot{\psi}_d^2$$

berechnet, sodass mit $\dot{y}_{d1} = v_d \cos\psi_d$, $\dot{y}_{d2} = v_d \sin\psi_d$ und $\dot{\psi}_d = v_d\kappa_d$ der Zusammenhang (4.21) erhalten wird. Da die Gleichungen

$$\dot{\tilde{y}}_{d1} = \tilde{v}_d \cos\tilde{\theta}_d = v_d \cos\psi_d - \lambda v_d \kappa_d \sin\psi_d$$

$$\dot{\tilde{y}}_{d2} = \tilde{v}_d \sin\tilde{\theta}_d = v_d \sin\psi_d + \lambda v_d \kappa_d \cos\psi_d$$

gelten, lässt sich über deren Verhältnis

$$\frac{\dot{\tilde{y}}_{d2}}{\dot{\tilde{y}}_{d1}} = \tan\tilde{\theta}_d = \frac{\tan\psi_d + \lambda\kappa_d}{1 - \lambda\kappa_d \tan\psi_d} = \tan(\psi_d + \arctan(\lambda\kappa_d))$$

der Sollkurswinkel (4.22) bestimmen. Darüber hinaus liefert die Zeitableitung von $\tilde{v}_d$ den Zusammenhang (4.23), sodass sich schließlich mit $\kappa'_d := \frac{\mathrm{d}\kappa_d}{\mathrm{d}s_d}$ und (4.22) die neue Sollkrümmung mit

$$\tilde{\kappa}_d := \frac{\dot{\tilde{\theta}}_d}{\tilde{v}_d} = \frac{\mathrm{d}\tilde{\theta}_d}{\mathrm{d}s_d}\frac{\mathrm{d}s_d}{\mathrm{d}t}\frac{\mathrm{d}t}{\mathrm{d}\tilde{s}_d} = \frac{\mathrm{d}\tilde{\theta}_d}{\mathrm{d}s_d}\frac{v_d}{\tilde{v}_d} = \left[\kappa_d + \frac{\lambda}{1 + [\lambda\kappa_d]^2}\frac{\mathrm{d}\kappa_d}{\mathrm{d}s_d}\right]\frac{v_d}{v_d\sqrt{1 + [\lambda\kappa_d]^2}}$$

zu (4.24) ergibt. □

A.5 Beispielprogramm: Regelung des kinematischen Einspurmodells

```
function [delta_dot, F_l] = kin_tracking_with_orientation_stab( ...
    y1_d, y2_d, theta_d, kappa_d, kappa_d_dot, v_d, v_d_dot, varsigma, ...
    y1, y2, psi, v, delta, ...
    l_v, l_h, m, J, gam,...
    k1, k2, k3, k4 );

%   y1_d, ..., varsigma: desired values in rear axle coordinates
%   y1, ..., delta:     measured states
%   l_v, ..., gam:      vehicular parameters
%   k1, ..., k4:        control design parameters

l = l_v + l_h; % wheel base

%   State transformations
e_t = ( y1-y1_d ) *   cos(theta_d) + ( y2-y2_d ) * sin(theta_d);   % (4.9)
e_n = ( y1-y1_d ) * (-sin(theta_d)) + ( y2-y2_d ) * cos(theta_d);  % (4.9)
e_psi = normalize_angle( psi - theta_d ); % Normalize to -pi..pi      (4.9)
kappa_delta = tan(delta)/l;                                        % (4.9)

%   Transformed time derivatives
e_t_dot   = v*cos(e_psi)  - v_d*( 1- kappa_d*e_n );                % (4.10a)
e_n_dot   = v*sin(e_psi)  - v_d*kappa_d*e_t;                       % (4.10b)
e_psi_dot = v*kappa_delta - v_d*kappa_d;                           % (4.10c)
```

```
%   Taylor approximations for control law
cos_approx  = -1/2*e_psi + 1/24*e_psi^3 - 1/720*e_psi^5;          % (A.10)
sin_approx  = 1 - 1/6*e_psi^2 + 1/120*e_psi^4 - 1/5040*e_psi^6;   % (A.11)
dcos_approx = -0.5 + 1/8*e_psi^2 - 1/144*e_psi^4 + 1/5760*e_psi^6; % (A.12)
dsin_approx = -1/3*e_psi + 1/30*e_psi^3 - 1/840*e_psi^5;          % (A.13)

%   Fictitious and virtual control laws
xi1 = kappa_d - k1*( e_t*cos_approx + e_n*sin_approx ) ...
                                    - varsigma*k2*e_psi;          % (4.11)
e_v = v - v_d;
w2  = v_d_dot - k1*e_t - k3*e_v + varsigma*k2*e_psi^2 ...
                                    - e_psi * kappa_d;            % (4.12)
%   Back-stepping
xi1_dot = kappa_d_dot - k1*( e_t_dot*cos_approx ...
              + e_t*e_psi_dot*dcos_approx + e_n_dot*sin_approx ...
              + e_n*e_psi_dot*dsin_approx) - varsigma*k2*e_psi_dot; % (4.18)
e_delta = kappa_delta - xi1;                                     % (4.16)
w1 = -e_psi*v + xi1_dot - k4*e_delta;                            % (4.17)

%   Lateral input resubstitution
u1 = l*w1*cos(delta)^2;                                          % (4.15)

%   Longitudinal input resubstitution
M = ( m*l_h^2 + J ) / l^2;
u2 = 1/(1+gam*(1/cos(delta) - 1))*( w2*( m + M*tan(delta)^2 ) ...
                    + 2*M*v*tan(delta)/cos(delta)^2*u1 ); % (4.7)
%   Output results
delta_dot = u1;
F_l       = u2;
```

A.6 Parameterbestimmung der Beschleunigungs-umsetzung

Zunächst wird das Fahrzeug auf Höchstgeschwindigkeit beschleunigt und das Automatikgetriebe ausgekuppelt (N), sodass beim Ausrollen die geschwindigkeitsabhängige Summe aus Wind- und Rollwiderstand $F_W(v)$ unter Berücksichtigung der Fahrzeugmasse bestimmt und in den folgenden Versuchen in der Netto-Beschleunigungsmessung genau kompensiert werden kann. Anschließend kann dann aufgrund der Linearität zwischen Bremsdruck und Bremskraft der Proportionalitätsfaktor p bei ausgekuppeltem Motor (kein Schleppmoment) direkt durch Regression weniger Bremstests bestimmt werden.

Die Bestimmung des Motorkennfeldes $F_{M(\omega_{\mathrm{Motor}})}(\phi_{\mathrm{Gas}})$ gestaltet sich jedoch aufwändiger. Hierfür wird die drehzahlabhängige Fahrzeugbeschleunigung im zweiten Gang für verschiedene Gaspedalstellungen aufgezeichnet. Der zweite Gang eignet sich besonders, da im Gegensatz zum ersten die Lock-up-Kupplung sehr früh schließt und im Unterschied zu den höheren Gängen die Fahrversuche noch bei relativ niedriger Geschwindigkeit durchgeführt werden können. Um den gesamten Drehzahlbereich des Motors abzudecken, ist es hierzu erforderlich, für die

verschiedenen Pedalstellungen nicht nur aus dem Anfahren heraus den Gleichge-
wichtszustand $v = $ const. zu erreichen, sondern auch aus der schnellen Fahrt durch
Abbremsen mit dem Schleppmoment.

Da die Beschleunigungsmessung viel stärker verrauscht ist als die Drehzahlmes-
sung, empfiehlt sich zur Bestimmung des parametrischen Kennfeldes die Regression in den Beschleunigungswerten. Die polynomielle Approximation des sich ergebenden zweidimensionalen Kennfeldes erfolgt durch

$$F_{M(\omega_{\text{Motor}})}(\phi_{\text{Gas}}) \approx \sum_{i=0}^{m} \sum_{j=0}^{n} k_{ij}\, \omega_{\text{Motor}}^{i}\, \phi_{\text{Gas}}^{j} \qquad \text{mit} \quad k_{ij} \in \mathbb{R},$$

wobei zur Wahrung der Invertierbarkeit zusätzlich $\frac{\partial}{\partial \phi_{\text{Gas}}} F_M > 0$ gefordert wird
(was beispielsweise bei Approximation durch ein Neuronales Netz nicht sicher-
gestellt werden kann). Das sich hieraus ableitbare restringierte Least-Squares-
Problem lässt sich mit Hilfe des Matlab-Befehls *lsqlin* lösen. Für den Versuchsträger erweist sich $m = 3, n = 5$ als brauchbarer Polynomgrad (bei dem niedrigen
Grad m macht sich das Motormanagement bemerkbar, welches das Motormoment
über den Drehzahlbereich näherungsweise konstant hält).

Literaturverzeichnis

[1] ACKERMANN, J., A. BARTLETT, D. KAESBAUER, W. SIENEL und R. STEINHAUSER: *Robust control: Systems with uncertain physical parameters*. Springer-Verlag New York, Inc. Secaucus, NJ, USA, 2001.

[2] AGUIAR, A. und J. HESPANHA: *Trajectory-tracking and path-following of underactuated autonomous vehicles with parametric modeling uncertainty*. IEEE Transactions on Automatic Control, 52(8):1362–1379, 2007.

[3] AMMON, D.: *Modellbildung und Systementwicklung in der Fahrzeugdynamik*. Habilitationsschrift Universität Karlsruhe (TH), BG Teubner Verlag, 1997.

[4] ARNOLD, E., J. NEUPERT, O. SAWODNY und K. SCHNEIDER: *Modellprädiktive Trajektoriengenerierung für flachheitsbasierte Folgeregelungen am Beispiel eines Hafenmobilkrans*. at-Automatisierungstechnik, 56(8/2008):395–405, 2008.

[5] ÅSTROM, K.J. und L. RUNDQWIST: *Integrator windup and how to avoid it*. In: *Proceedings of the 1989 American Control Conference*, Band 2, Seiten 1693–1698, 1989.

[6] ÅSTROM, K.J. und B. WITTENMARK: *Adaptive Control*. Addison-Wesley Longman Publishing Co., Inc., 1994.

[7] BACHA, A., C. BAUMAN, R. FARUQUE, M. FLEMING, C. TERWELP, C. REINHOLTZ, D. HONG, A. WICKS, T. ALBERI und D. ANDERSON: *Odin: Team VictorTango's entry in the DARPA Urban Challenge*. Journal of Field Robotics, 25(8):467–492, 2008.

[8] BERTSEKAS, D.P.: *Dynamic programming and optimal control*. Athena Scientific Belmont, MA, 1995.

[9] BOHREN, J., T. FOOTE, J. KELLER, A. KUSHLEYEV, D. LEE, A. STE-WART, P. VERNAZA, J. DERENICK, J. SPLETZER und B. SATTERFIELD: *Little Ben: The Ben Franklin racing team's entry in the 2007 Darpa Urban Challenge.* Journal of Field Robotics, 25(9):598–614, 2008.

[10] BREUER, B. und K.H. BILL: *Bremsenhandbuch: Grundlagen, Komponenten, Systeme, Fahrdynamik.* Vieweg+Teubner Verlag, 2006.

[11] BROCKETT, R.W.: *Asymptotic stability and feedback stabilization.* Defense Technical Information Center, 1983.

[12] CAMPION, G. und W. CHUNG: *Springer Handbook of Robotics*, Kapitel Wheeled Robots, Seiten 391–410. Springer, 2008.

[13] DEFENSE ADVANCED RESEARCH PROJECTS AGENCY (DARPA): *Urban Challenge Rules*, October 2007. www.darpa.mil/grandchallenge/rules.asp.

[14] DEVOS, T. und J. LEVINE: *A flatness-based nonlinear predictive approach for crane control.* In: *IFAC Workshop on Nonlinear Model Predictive Control for Fast Systems, Grenoble, France*, 2006.

[15] DICKMANS, E.D.: *Subject-object discrimination in 4D dynamic scene interpretationfor machine vision.* Proceedings. Workshop on Visual Motion, Seiten 298–304, 1989.

[16] DIEHL, M., H. FERREAU und N. HAVERBEKE: *Nonlinear Model Predictive Control -Towards New Challenging Applications*, Kapitel Efficient numerical methods for nonlinear MPC and moving horizon estimation, Seiten 391–417. Springer, 2009.

[17] DONGES, E.: *Aspekte der Aktiven Sicherheit bei der Führung von Personenkraftwagen.* Automobil-Industrie, 2:183–190, 1982.

[18] DREYER, ROLF: *Sportküstenschifferschein.* Delius Klasing, 2004.

[19] DUBINS, L.E.: *On curves of minimal length with a constraint on average curvature and with prescribed initial and terminal positions and tangents.* American Journal of Mathematics, 79(3):497–516, 1957.

[20] DULLERUD, G.E. und F.G. PAGANINI: *A course in robust control theory: a convex approach.* Springer Verlag, 2000.

[21] FLETCHER, L., S. TELLER, E. OLSON, D. MOORE, Y. KUWATA, J. HOW, J. LEONARD, I. MILLER, M. CAMPBELL und D. HUTTENLOCHER: *The MIT-Cornell collision and why it happened.* Journal of Field Robotics, 25(10):775–807, 2008.

[22] FLIESS, M., J. LÉVINE, P. MARTIN und P. ROUCHON: *Flatness and defect of non-linear systems: introductory theory and examples*. International Journal of Control, 61(6):1327–1361, 1995.

[23] FÖLLINGER, O.: *Optimale Regelung und Steuerung: Eine Einführung für Ingenieure*. Methoden der Regelungs- und Automatisierungstechnik. Oldenbourg, München, 1994.

[24] FUCHSHUMER, S.: *Algebraic Linear Identication, Modelling, and Applications of Flatness-based Control*. Dissertation, Johannes Kepler Universität Linz, 2005.

[25] GLATTFELDER, A.H. und W. SCHAUFELBERGER: *A path from antiwindup to override control*. In: *IFAC Symposium on Nonlinear Control Systems*, Seiten 1379–1384, Stuttgart, 2004.

[26] GOEBL, M.: *Eine realzeitfähige Architektur zur Integration kognitiver Funktionen*. Dissertation, Lehrstuhl für Realzeit-Computersysteme, Technische Universität München, 2009.

[27] GRAEBE, S.F. und A. AHLÉN: *Dynamic transfer among alternative controllers and its relation to antiwindup controller design*. IEEE Transactions on Control Systems Technology, 4(1):92–99, 1996.

[28] GRAF, K. und C. WURMTHALER: *Eine neue Kaskadenstruktur*. at-Automatisierungstechnik, 51(3/2003):113–118, 2003.

[29] GUAY, M.: *An algorithm for orbital feedback linearization of single-input control affine systems*. Systems & Control Letters, 38(4-5):271–281, 1999.

[30] HAFNER, M., M. SCHÜLER, O. NELLES und R. ISERMANN: *Fast neural networks for diesel engine control design*. Control Engineering Practice, 8(11):1211–1221, 2000.

[31] HANUS, R., M. KINNAERT und J.L. HENROTTE: *Conditioning technique, a general anti-windup and bumpless transfer method*. Automatica, 23(6):729–739, 1987.

[32] HEGEMAN, G., K. BROOKHUIS und S. HOOGENDOORN: *Opportunities of advanced driver assistance systems towards overtaking*. European Journal of Transport and Infrastructure, 5(4):281–296, 2005.

[33] HESPANHA, J.P. und A.S. MORSE: *Certainty equivalence implies detectability*. Systems & Control Letters, 1(1):1–13, 1999.

[34] HINRICHSEN, D. und A.J. PRITCHARD: *Mathematical systems theory I.* Springer-Verlag Berlin Heidelberg, 2005.

[35] HIPPE, P. und C. WURMTHALER: *Systematic closed-loop design in the presence of input saturations.* Automatica, 35(4):689–695, 1999.

[36] HSU, Y.H.J.: *Estimation and control of lateral tire forces using steering torque.* Dissertation, Stanford University, 2009.

[37] HUNDELSHAUSEN, F. VON, M. HIMMELSBACH, F. HECKER, A. MÜLLER und H.J. WÜNSCHE: *Driving with tentacles: Integral structures for sensing and motion.* Journal of Field Robotics, 25(9):640–673, 2008.

[38] HU, S.M. und J. WALLNER: *A second order algorithm for orthogonal projection onto curves and surfaces.* Computer aided geometric design, 22(3):251–260, 2005.

[39] ISERMANN, R.: *Fahrdynamikregelung: Modellbildung, Fahrerassistenzsysteme, Mechatronik.* Vieweg Verlag, 2006.

[40] ISIDORI, A.: *Nonlinear Control Systems.* Springer, 1995.

[41] KEHL, S.: *Querregelung eines Versuchsfahrzeugs entlang vorgegebener Bahnen.* Dissertation, Universität Stuttgart, 2007.

[42] KELLY, A. und B. NAGY: *Reactive nonholonomic trajectory generation via parametric optimal control.* The International Journal of Robotics Research, 22(7-8):583–601, 2003.

[43] KHALIL, H.K.: *Nonlinear Systems.* Prentice Hall Upper Saddle River, NJ, 2002.

[44] KÖNIG, L., J. NEUBECK und J. WIEDEMANN: *Nichtlineare Lenkregler für den querdynamischen Grenzbereich.* at-Automatisierungstechnik, 6:314–321, 2007.

[45] KRSTIC, M., P.V. KOKOTOVIC und I. KANELLAKOPOULOS: *Nonlinear and Adaptive Control Design.* John Wiley & Sons, Inc. New York, NY, USA, 1995.

[46] KUWATA, Y.: *Trajectory planning for unmanned vehicles using robust receding horizon control.* Dissertation, Massachusetts Institute of Technology, 2006.

[47] LEONARD, J., J. HOW, S. TELLER, M. BERGER, S. CAMPBELL, G. FIORE, L. FLETCHER, E. FRAZZOLI, A. HUANG und S. KARAMAN: *A perception-driven autonomous urban vehicle*. Journal of Robotic Systems, 25(10):727–774, 2008.

[48] MAGNI, L.: *Nonlinear model predictive control: towards new challenging applications*. Lecture notes in control and information sciences. Springer, Berlin, 2009.

[49] MARTINEZ, J.J. und C. CANUDAS-DE WIT: *A safe longitudinal control for adaptive cruise control and stop-and-go scenarios*. IEEE transactions on control systems technology, 15(2):246–258, 2007.

[50] MARTIN, P., P. ROUCHON und J. RUDOLPH: *Invariant tracking*. Control, Optimisation and Calculus of Variations, 10(1):1–13, Jan 2004.

[51] MAURER, M. und C. STILLER: *Fahrerassistenzsysteme mit maschineller Wahrnehmung*. Springer, 2005.

[52] MAYNE, D.Q., J.B. RAWLINGS, C.V. RAO und P.O.M. SCOKAERT: *Constrained model predictive control: Stability and optimality*. Automatica, 36(6):789–814, 2000.

[53] MEIER, G., G. ROPPENECKER und C. WURMTHALER: *Tracking Control for Automatic Vehicle Guidance*. In: *Proceedings of the 7th International Symposium on Advanced Vehicle Control, Arhem, The Netherlands*, Seiten 35–40, 2004.

[54] MILLER, I., M. CAMPBELL, D. HUTTENLOCHER, F.R. KLINE, A. NATHAN, S. LUPASHIN, J. CATLIN, B. SCHIMPF, P. MORAN und N. ZYCH: *Team Cornell's Skynet: Robust perception and planning in an urban environment*. Journal of Robotic Systems, 25(8):493–527, 2008.

[55] MITSCHKE, M. und H. WALLENTOWITZ: *Dynamik der Kraftfahrzeuge*. Springer, 2004.

[56] MONTEMERLO, M., J. BECKER, S. BHAT, H. DAHLKAMP, D. DOLGOV, S. ETTINGER, D. HAEHNEL, T. HILDEN, G. HOFFMANN und B. HUHNKE: *Junior: The Stanford entry in the Urban Challenge*. Journal of Field Robotics, 25(9), 2008.

[57] MORIN, P. und C. SAMSON: *Trajectory tracking for nonholonomic vehicles*. Lecture notes in control and information sciences, 335:3–23, 2006.

[58] MORIN, P. und C. SAMSON: *Springer Handbook of Robotics*, Kapitel Motion control of wheeled mobile robots, Seiten 799–826. Springer, 2008.

[59] MORIN, P. und C. SAMSON: *Control of nonholonomic mobile robots based on the transverse function approach.* IEEE Transaction on Robotics, 25(5):1058–1073, 2009.

[60] MÜLLER, B. und J. DEUTSCHER: *Orbital Tracking Control for Car Parking via Control of the Clock.* In: *ECC, Kos, Greece*, 2007.

[61] OREND, R.: *Steuerung der ebenen Fahrzeugbewegung mit optimaler Nutzung der Kraftschlusspotentiale aller vier Reifen.* at-Automatisierungstechnik, 53(1/2005):20–27, 2005.

[62] PACEJKA, H.B. und E. BAKKER: *The Magic Formula Tyre Model.* Vehicle System Dynamics, 21:1–18, 2004.

[63] PATZ, B.J., Y. PAPELIS, R. PILLAT, G. STEIN und D. HARPER: *A practical approach to robotic design for the DARPA Urban Challenge.* Journal of Robotic Systems, 25(8):528–566, 2008.

[64] PIVTORAIKO, M. und A. KELLY: *Efficient constrained path planning via search in state lattices.* In: *International Symposium on Artificial Intelligence, Robotics, and Automation in Space*, 2005.

[65] PIVTORAIKO, M., R.A. KNEPPER und A. KELLY: *Optimal, smooth, nonholonomic mobile robot motion planning in state lattices.* Technischer Bericht, Robotics Institute, Carnegie Mellon University, 2007.

[66] PRESS, W.H., S.A. TEUKOLSKY, W.T. VETTERLING und B.P. FLANNERY: *Numerical recipes in C.* Cambridge Univ. Press Cambridge MA, USA, 1992.

[67] RAUSKOLB, F.W., K. BERGER, C. LIPSKI, M. MAGNOR, K. CORNELSEN, J. EFFERTZ, T. FORM, F. GRAEFE, S. OHL und W. SCHUMACHER: *Caroline: An autonomously driving vehicle for urban environments.* Journal of Field Robotics, 25(9):674–724, 2008.

[68] REEDS, J.A. und L.A. SHEPP: *Optimal paths for a car that goes both forwards and backwards.* Pacific Journal of Mathematics, 145(2):367–393, 1990.

[69] REINSCHKE, K.: *Lineare Regelungs- und Steuerungstheorie.* Springer-Verlag Berlin Heidelberg, 2006.

[70] ROJO, J., R. ROHAS und K. GUNNARSSON: *Spirit of Berlin: An autonomous car for the Darpa Urban Challenge.* Technischer Bericht, Freie Universität Berlin, 2007.

[71] ROTHFUSS, R.: *Anwendung der flachheitsbasierten Analyse und Regelung nichtlinearer Mehrgrössensysteme.* VDI-Verl., 1997.

[72] ROTHFUSS, R., J. RUDOLPH und M. ZEITZ: *Flachheit: Ein neuer Zugang zur Steuerung und Regelung nichtlinearer Systeme.* at-Automatisierungstechnik, 45(11):517–525, 1997.

[73] ROUCHON, P. und J. RUDOLPH: *Lecture notes in control and information sciences,* Kapitel Invariant tracking and stabilization: Problem formulation and examples, Seiten 261–273. Springer, 1999.

[74] RUDOLPH, J.: *Rekursiver Entwurf stabiler Regelkreise durch sukzessive Berücksichtigung von Integratoren und quasi-statische Rückführungen.* at-Automatisierungstechnik, 53(8):389–399, 2005.

[75] RUDOLPH, J. und R. FRÖHLICH: *Invariant tracking for planar rigid body dynamics.* Proceedings in Applied Mathematics and Mechanics, 2(1):9–12, 2003.

[76] SAMPEI, M. und K. FURUTA: *On time scaling for nonlinear systems: Application to linearization.* IEEE Transactions on Automatic Control, 31(5):459–462, 1986.

[77] SCHEUER, A. und T. FRAICHARD: *Collision-free and continuous-curvature path planning for car-like robots.* In: *IEEE International Conference on Robotics and Automation,* 1997.

[78] SCHRÖDER, D.: *Intelligente Verfahren: Identifikation und Regelung nichtlinearer Systeme.* Springer Verlag, 2010.

[79] SCHRÖDER, J.: *Adaptive Verhaltensentscheidung und Bahnplanung für kognitive Automobile.* Dissertation, Universität Karlsruhe (TH), 2009.

[80] SKJETNE, R., T.I. FOSSEN und P.V. KOKOTOVIĆ: *Robust output maneuvering for a class of nonlinear systems.* Automatica, 40(3):373–383, 2004.

[81] SÖHNITZ, I.: *Querregelung eines autonomen Straßenfahrzeugs.* VDI-Verl., 2001.

[82] STATISITISCHES BUNDESAMT WIESBADEN: *Verkehrsunfälle – Unfallentwicklung im Straßenverkehr,* Juli 2010.

[83] STILLER, C.: *Fahrerassistenzsysteme - Von realisierten Funktionen zum vernetzt wahrnehmenden, selbstorganisierenden Verkehr.* Fahrerassistenzsysteme mit maschineller Wahrnehmung, Springer Verlag, Berlin, 1, 2004.

[84] STILLER, C., S. KAMMEL, I. LULCHEVA und J. ZIEGLER: *Probabilistische Methoden in der Umfeldwahrnehmung Kognitiver Automobile.* at-Automatisierungstechnik, 56(11):563–574, 2008.

[85] SVARICEK, F.: *Nulldynamik linearer und nichtlinearer Systeme: Definitionen, Eigenschaften und Anwendungen.* at-Automatisierungstechnik, 54(7):310–322, 2006.

[86] TAKAHASHI, A., T. HONGO, Y. NINOMIYA und G. SUGIMOTO: *Local path planning and motion control for AGV in positioning.* In: *IEEE/RSJ International Conference on Intelligent Robots and Systems,* Seiten 392–397, 1989.

[87] TANAKA, K. und M. SUGENO: *Stability analysis and design of fuzzy control systems.* Fuzzy Sets and Systems, 45:135–156, 1992.

[88] URMSON, C., J. ANHALT, D. BAGNELL, C. BAKER, R. BITTNER, MN CLARK, J. DOLAN, D. DUGGINS, T. GALATALI und C. GEYER: *Autonomous driving in urban environments: Boss and the Urban Challenge.* Journal of Field Robotics, 25(8), 2008.

[89] VELENIS, E.: *Analysis and control of high-speed wheeled vehicles.* Dissertation, Georgia Institute of Technology, 2006.

[90] WINNER, H., S. HAKULI und G. WOLF: *Handbuch Fahrerassistenzsysteme.* Vieweg+Teubner Verlag, 2009.

[91] ZECHA, S.: *KO-FAS – Neue Wege in der Fahrzeugsicherheit.* In: *Kooperationsforum Fahrerassistenzsysteme, Sensorik - Datenfusion - Anwendungen,* Aschaffenburg, 2010.

[92] ZIEGLER, J. und C. STILLER: *Spatiotemporal state lattices for fast trajectory planning in dynamic on-road driving scenarios.* In: *IEEE/RSJ International Conference on Intelligent Robots and Systems,* 2009.

[93] ZIEGLER, J. und C. STILLER: *Fast Collision Checking for Intelligent Vehicle Motion Planning.* In: *IEEE Intelligent Vehicles Symposium 2010, San Diego, USA,* Seiten 518–522, 2010.

[94] ZIEGLER, W.: *Zukünftige Schwerpunkte der Fahrerassistenz.* In: *Kooperationsforum Fahrerassistenzsysteme, Sensorik - Datenfusion - Anwendungen,* Aschaffenburg, 20. Mai, 2010.

Im Rahmen der Arbeit entstandene Veröffentlichungen

[95] GRÖLL, L., P. IRLE und M. WERLING: *Ein Beitrag zur Lösung des Projektionsproblems auf 2d-Kurven.* In: *GMA-Fachausschuss 1.30: Modellbildung, Identifikation und Simulation in der Automatisierungstechnik*, 2008.

[96] IRLE, P., L. GRÖLL und M. WERLING: *Zwei Zugänge zur Projektion auf 2d-Kurven für die Bahnregelung autonomer Fahrzeuge.* at-Automatisierungstechnik, 57(8):403–410, 2009.

[97] KAMMEL, S., J. ZIEGLER, B. PITZER, M. WERLING, T. GINDELE, D. JAGSZENT, J. SCHRÖDER, M. THUY, M. GOEBL, F. V. HUNDELSHAUSEN, O. PINK, C. FREESE und C. STILLER: *Team AnnieWAY's autonomous system for the DARPA Urban Challenge 2007.* Journal of Field Robotics, 25(9):615–639, 2008.

[98] STILLER, C., S. KAMMEL, B. PITZER, J. ZIEGLER, M. WERLING, T. GINDELE und D. JAGSZENT: *Team AnnieWAY's Autonomous System.* Lecture Notes in Computer Science, 4931:248–259, 2008.

[99] WERLING, M., T. GINDELE, D. JAGSZENT und L. GRÖLL: *A Robust Algorithm for Handling Moving Traffic in Urban Scenarios.* In: *IEEE Intelligent Vehicles Symposium 2008, Eindhoven, The Netherlands*, Seiten 1108–1112, 2008.

[100] WERLING, M., M. GOEBL, O. PINK und C. STILLER: *A hardware and software framework for cognitive automobiles.* In: *IEEE Intelligent Vehicles Symposium 2008, Eindhoven, The Netherlands*, Seiten 1080–1085, 2008.

[101] WERLING, M. und L. GRÖLL: *Low-level Controllers Realizing High-level Decisions in an Autonomous Vehicle.* In: *IEEE Intelligent Vehicles Symposium 2008, Eindhoven, The Netherlands*, Seiten 1113–1119, 2008.

[102] WERLING, M. und L. GRÖLL: *From flatness-based trajectory tracking to path following*. In: *IEEE Intelligent Vehicles Symposium 2009, Xi'an, China*, Seiten 1271–1275, 2009.

[103] WERLING, M. und L. GRÖLL: *Trajektoriengenerierung und -stabilisierung in zeitkritischen Verkehrsszenarien*. In: *GMA-Fachausschuss 1.40: Theoretische Verfahren der Regelungstechnik*, 2010.

[104] WERLING, M., L. GRÖLL und G. BRETTHAUER: *Ein Multiregler zur Erprobung vollautonomen Fahrens*. at-Automatisierungstechnik, 11:585–591, 2008.

[105] WERLING, M., L. GRÖLL und G. BRETTHAUER: *Invariant Trajectory Tracking with a Full-size Autonomous Road Vehicle*. IEEE Transactions on Robotics, Seiten 758–765, 2010.

[106] WERLING, M., M. KAUFMANN und L. GRÖLL: *Different schemes for bumpless manual/automatic transfer*. In: *9th Internation Workshop on Research and Education in Mechatronics, Bergamo, Italy*, Seiten 129–130, 2008.

[107] WERLING, M., J. ZIEGLER, S. KAMMEL und S. THRUN: *Optimal Trajectory Generation for Dynamic Street Scenarios in a Frenet Frame*. In: *IEEE International Conference on Robotics and Automation, Anchorage, Alaska*, Seiten 987–993, 2010.

[108] ZIEGLER, J., M. WERLING und J. SCHRÖDER: *Navigating car-like robots in unstructured environments using an obstacle sensitive cost function*. In: *IEEE Intelligent Vehicles Symposium 2008, Eindhoven, The Netherlands*, Seiten 787–791, 2008.

Team *AnnieWAY*, Victorville, USA, November 2007

Team *Valley-Rally*, Stanford, USA, Oktober 2009

Bereits veröffentlicht wurden in der Schriftenreihe des Instituts für Angewandte Informatik / Automatisierungstechnik bei KIT Scientific Publishing:

Nr. 1: BECK, S.: Ein Konzept zur automatischen Lösung von Entscheidungsproblemen bei Unsicherheit mittels der Theorie der unscharfen Mengen und der Evidenztheorie, 2005

Nr. 2: MARTIN, J.: Ein Beitrag zur Integration von Sensoren in eine anthropomorphe künstliche Hand mit flexiblen Fluidaktoren, 2004

Nr. 3: TRAICHEL, A.: Neue Verfahren zur Modellierung nichtlinearer thermodynamischer Prozesse in einem Druckbehälter mit siedendem Wasser-Dampf Gemisch bei negativen Drucktransienten, 2005

Nr. 4: LOOSE, T.: Konzept für eine modellgestützte Diagnostik mittels Data Mining am Beispiel der Bewegungsanalyse, 2004

Nr. 5: MATTHES, J.: Eine neue Methode zur Quellenlokalisierung auf der Basis räumlich verteilter, punktweiser Konzentrationsmessungen, 2004

Nr. 6: MIKUT, R.; REISCHL, M.: Proceedings – 14. Workshop Fuzzy-Systeme und Computational Intelligence: Dortmund, 10. - 12. November 2004, 2004

Nr. 7: ZIPSER, S.: Beitrag zur modellbasierten Regelung von Verbrennungsprozessen, 2004

Nr. 8: STADLER, A.: Ein Beitrag zur Ableitung regelbasierter Modelle aus Zeitreihen, 2005

Nr. 9: MIKUT, R.; REISCHL, M.: Proceedings – 15. Workshop Computational Intelligence: Dortmund, 16. - 18. November 2005, 2005

Nr. 10: BÄR, M.: µFEMOS – Mikro-Fertigungstechniken für hybride mikrooptische Sensoren, 2005

Nr. 11: SCHAUDEL, F.: Entropie- und Störungssensitivität als neues Kriterium zum Vergleich verschiedener Entscheidungskalküle, 2006

Nr. 12: SCHABLOWSKI-TRAUTMANN, M.: Konzept zur Analyse der Lokomotion auf dem Laufband bei inkompletter Querschnittlähmung mit Verfahren der nichtlinearen Dynamik, 2006

Nr. 13: REISCHL, M.: Ein Verfahren zum automatischen Entwurf von Mensch-Maschine-Schnittstellen am Beispiel myoelektrischer Handprothesen, 2006

Nr. 14: KOKER, T.: Konzeption und Realisierung einer neuen Prozesskette zur Integration von Kohlenstoff-Nanoröhren über Handhabung in technische Anwendungen, 2007

Nr. 15: MIKUT, R.; REISCHL, M.: Proceedings – 16. Workshop Computational Intelligence: Dortmund, 29. November - 1. Dezember 2006

Nr. 16: LI, S.: Entwicklung eines Verfahrens zur Automatisierung der CAD/CAM-Kette in der Einzelfertigung am Beispiel von Mauerwerksteinen, 2007

Nr. 17: BERGEMANN, M.: Neues mechatronisches System für die Wiederherstellung der Akkommodationsfähigkeit des menschlichen Auges, 2007

Nr. 18: HEINTZ, R.: Neues Verfahren zur invarianten Objekterkennung und -lokalisierung auf der Basis lokaler Merkmale, 2007

Nr. 19: RUCHTER, M.: A New Concept for Mobile Environmental Education, 2007

Nr. 20: MIKUT, R.; REISCHL, M.: Proceedings – 17. Workshop Computational Intelligence: Dortmund, 5. - 7. Dezember 2007

Nr. 21: LEHMANN, A.: Neues Konzept zur Planung, Ausführung und Überwachung von Roboteraufgaben mit hierarchischen Petri-Netzen, 2008

Nr. 22: MIKUT, R.: Data Mining in der Medizin und Medizintechnik, 2008

Nr. 23: KLINK, S.: Neues System zur Erfassung des Akkommodationsbedarfs im menschlichen Auge, 2008

Nr. 24: MIKUT, R.; REISCHL, M.: Proceedings – 18. Workshop Computational Intelligence: Dortmund, 3. - 5. Dezember 2008

Nr. 25: WANG, L.: Virtual environments for grid computing, 2009

Nr. 26: BURMEISTER, O.: Entwicklung von Klassifikatoren zur Analyse und Interpretation zeitvarianter Signale und deren Anwendung auf Biosignale, 2009

Nr. 27: DICKERHOF, M.: Ein neues Konzept für das bedarfsgerechte Informations- und Wissensmanagement in Unternehmenskooperationen der Multimaterial-Mikrosystemtechnik, 2009

Nr. 28: MACK, G.: Eine neue Methodik zur modellbasierten Bestimmung dynamischer Betriebslasten im mechatronischen Fahrwerkentwicklungsprozess, 2009

Nr. 29: HOFFMANN, F.; HÜLLERMEIER, E.: Proceedings – 19. Workshop Computational Intelligence: Dortmund, 2. - 4. Dezember 2009

Nr. 30: GRAUER, M.: Neue Methodik zur Planung globaler Produktionsverbünde unter Berücksichtigung der Einflussgrößen Produktdesign, Prozessgestaltung und Standortentscheidung, 2009

Nr. 31: SCHINDLER, A.: Neue Konzeption und erstmalige Realisierung eines aktiven Fahrwerks mit Preview-Strategie, 2009

Nr. 32: BLUME, C.; JAKOB, W.: GLEAN. General Learning Evolutionary Algorithm and Method: Ein Evolutionärer Algorithmus und seine Anwendungen, 2009

Nr. 33: HOFFMANN, F.; HÜLLERMEIER, E.: Proceedings – 20. Workshop Computational Intelligence: Dortmund, 1. - 3. Dezember 2010

Nr. 34: WERLING, M.: Ein neues Konzept für die Trajektoriengenerierung und -stabilisierung in zeitkritischen Verkehrsszenarien, 2011

Die Schriften sind als PDF frei verfügbar, eine Nachbestellung der Printversion ist möglich. Nähere Informationen unter www.ksp.kit.edu.